酒水服务与管理

Jiushui Fuwu yu Guanli

主　编　　林媛媛
副主编　　於春毅　　龙淦华
　　　　　宋　青　钟营　黄冲

西南财经大学出版社
中国·成都

图书在版编目(CIP)数据

酒水服务与管理/林媛媛主编.—成都:西南财经大学出版社,2019.8
(2022.8重印)
ISBN 978-7-5504-4038-8

Ⅰ.①酒… Ⅱ.①林… Ⅲ.①酒—基本知识—高等职业教育—教材②酒
吧—商业管理—高等职业教育—教材 Ⅳ.①TS971②F719.3

中国版本图书馆 CIP 数据核字(2019)第 160301 号

酒水服务与管理

主　编　林媛媛
副主编　於春毅　龙淦华　宋　青　钟　营　黄　冲

责任编辑:杨婧颖　刘佳庆
封面设计:张姗姗
责任印制:朱曼丽

出版发行	西南财经大学出版社(四川省成都市光华村街55号)
网　　址	http://cbs.swufe.edu.cn
电子邮件	bookcj@ swufe.edu.cn
邮政编码	610074
电　　话	028-87353785
照　　排	四川胜翔数码印务设计有限公司
印　　刷	郫县犀浦印刷厂
成品尺寸	185mm×260mm
印　　张	13.5
字　　数	388 千字
版　　次	2019 年 8 月第 1 版
印　　次	2022 年 8 月第 2 次印刷
印　　数	2001—3000 册
书　　号	ISBN 978-7-5504-4038-8
定　　价	35.00 元

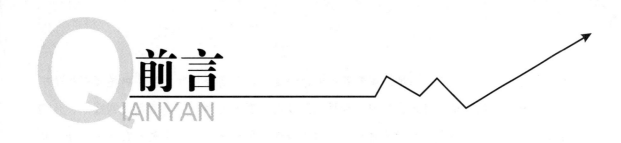

前言
QIANYAN

　　为适应现代酒吧业的飞速发展，培养一批能适应国际化、现代化岗位要求，掌握专业酒水服务与管理的人才，编者根据高职高专教育的教学特点及要求，以提高学生职业能力为核心，将人才培养要求与现代酒水服务和管理岗位的职业能力相结合，编写了此书。

　　本书共七个模块，内容包括：酒吧概述、调酒师职业认知、酒水知识、酒水服务技巧、鸡尾酒调制、软饮料调制和酒吧管理。本书以工作能力培养为导向，注重理论与实践相结合，注重双语教学，突出教学评价与考核。每个模块分为知识项目、实训项目、拓展阅读、英文服务用语和考核指南五个版块。知识项目和实训项目版块可帮助学生在专业理论指导下完成实训任务；拓展阅读版块可给学生提供课堂外的知识；英文服务用语版块可帮助学生掌握相关英文服务用语；考核指南可帮助教师和学生明确考试要点。

　　本书配有部分微课教学视频，是由教师与某酒吧著名调酒师合作完成的，可以帮助学生更直观地学习相关技能点。本书的特点是：以学生为主体，突出技能性、双语性教学特色；编写思路清晰，简明易懂，帮助学生学以致用、学有所用，具有一定的前瞻性和操作性；既可作为高职高专院校、应用型本科院校及中职院校等有关专业的教学用书，也可作为各类饭店、酒吧的培训用书，还可作为酒水爱好者的自学读物。

　　本书由广西国际商务职业技术学院林媛媛副教授担任主编，负责模块一、二、六及英文服务用语、附录等部分内容的编写和全书框架拟定、统稿、修订等工作；广西国际商务职业技术学院於春毅讲师担任副主编，负责模块三的编写；广西民族大学龙淦华副教授负责模块五的编写；广西交通运输学校宋青讲师负责模块四的编写；南宁银河大酒店黄冲与林媛媛合作，负责模块六的部分编写；广西机电职业技术学院的钟营讲师负责模块七的编写；品泽鸡尾酒音乐清吧的曾泽、何正盛、吴皓晖和黄波政负责创意鸡尾酒案例的编写和微课教学视频的拍摄工作；广西机电职业技术学院的周婧讲师负责本书图片和素材的搜集及文稿修订。

　　本书的编写得到了业内专业人士的帮助，广西民族大学龙淦华副教授是广西第一位调酒职业资格考评员、广西鸡尾酒调制赛的专家评委、调酒高级技师，品泽鸡尾酒音乐清吧创始人兼总经理曾泽、何正盛分别是世界调酒技能大赛评委和广西调酒师大赛冠军，他们为本书的编写提供了宝贵的指导意见。但由于编者水平有限，书中难免存在不妥之处，恳请读者批评指正。

编者

2019 年 3 月

M目录
ULU

模块一　酒吧概述

◇学习目标

●知识目标

➢了解酒吧的概念和功能

➢了解酒吧的发展和类型

➢掌握酒吧的区域划分和酒吧的基本设备

●能力目标

➢熟悉酒吧常用器具并能熟练使用

◇项目导入

　　酒吧已成为大众休闲娱乐和社会交际活动的重要场所。从世界范围来看，酒吧业的发展日新月异，酒吧消费已然成为人们的一种生活方式。通过了解酒吧的内涵，了解酒吧的过去、现状和未来发展，培养学生适应现代化和全球化的职业岗位素质要求。

知识项目

项目一　酒吧的概念与功能

一、酒吧的起源

　　酒吧起源于欧洲乡村，在美洲大陆发展并成为经济发达国家和地区的主要休闲场所。如今，各式各样的酒吧开始融入现代都市，成为人们生活的一部分。

　　酒吧，源于英文单词 bar，意指出售酒品的柜台。bar 的原意是长条的木头或金属，像门把或栅栏之类的东西。据说，从前美国中西部地区的牛仔们骑马出行，到了路边的一个小店，就把缰绳系在店门口的一根横木上，进去喝上一杯，略作休息，然后继续赶路，人们就把这样的小店称为 bar。

　　还有一种说法是早期的酒吧经营者为了防止意外，减少酒吧的财产损失，一般不在店内设桌椅，而在吧台外设置栅栏。栅栏的设置一方面起到了阻碍作用，另一方面可以为骑马来的饮酒者提供拴马的地方。久而久之，人们就把这种"有栅栏的地方"叫作 bar。

二、酒吧的定义

酒吧是专门为客人提供酒水和服务的场所，需要具备三个要素：齐全的酒水、各式各样的酒杯、必备的调酒用具。

根据国家标准《国民经济行业分类》，酒吧被划分在娱乐业类，从酒水销售与娱乐相结合的角度讲，歌舞厅、KTV、慢摇吧、清吧、餐吧、啤酒屋、咖啡馆、茶馆等都属于广义的酒吧。

三、酒吧的功能

酒吧（bar）作为舶来品，是西方文化与中国社会经济发展的结合，在国内生长和繁荣的过程中，充分、自然地融合了本土文化。而今，酒吧已成为一个娱乐、消遣、聊天、休闲、宣泄情绪、调剂生活的场所和人们认知外面世界的窗口。

（一）酒吧的休闲功能

闲暇时间是都市人的另一种财富。生活节奏快和生活压力大使得都市人注重休闲。工作之余，人们喜欢利用节假日外出旅游以放松身心获取。而在平时，下班之后，除了看电影、看书、逛街或上健身房之外，人们就会走入环境舒适、气氛温馨或者激情四射、释放压力的酒吧。

在酒吧中，色彩艳丽的鸡尾酒，精致考究的酒具，晶莹剔透的酒瓶，异国风情的乐队及淡淡的烛光，这一切都给快节奏生活的都市人带来舒适的感觉。酒吧成为人们闲暇时间的主要休闲娱乐场所之一。

（二）酒吧的社交功能

社交是都市人必不可少的精神需求。根据马斯洛的需求层次理论，人们对精神方面的需求远大于物质方面的需求，它是超越生理和安全需求之上的社交和归属需求。

人们去酒吧的目的在于交谈、聚会，沟通情感、放松自己。酒吧作为一个专门提供酒水服务的场所，为人们的社交活动提供了契机。在中国，酒文化源远流长。"酒逢知己千杯少""酒杯一端泯恩仇"等诗句，无不诉说着酒在人们社交当中的重要作用。而根据调查，在西方国家，比如英国，50%的男性和25%的女性每周至少去一次酒吧。酒吧成为日常休闲、交友和商务洽谈的场所。

（三）酒吧的娱乐功能

娱乐是人类在基本的生存和生产活动之外获取快乐的非功利性活动，它不仅使人们生理上获得快感，更主要的是使人们心理上得到愉悦。

酒吧中健康、高雅的娱乐方式，可以使人们在娱乐活动的过程中获得一定的自由享受的乐趣，并且也有可能获得对现实的某种超越性的体验。

丰富多彩的夜生活是所有大都市的一个共同特征。健康有益、富有文化品味的娱乐活动，能够使劳累了一天的人们身心放松、解除焦虑。但是，也有一些消极的、不健康的娱乐活动充斥其中，从而容易滋生和藏匿各种犯罪活动，要懂得如何辨别和规避。

项目二 酒吧的类型

酒吧的种类很多，根据不同的标准可以分为不同类型。

一、根据酒吧的性质分类

1. 量贩式 KTV

量贩式 KTV 又称为自助式 KTV，特点是自助购物、自点自唱。它于 20 世纪 90 年代初自日本流入中国，主要以白领一族、家庭聚会、公司派对为消费群体。

量贩式 KTV 的特点：价格比较优惠，一般只提供卡拉 OK 唱歌服务，不能播放劲爆的迪斯科音乐。全天 24 小时营业，包房计时消费，设最低消费，酒水食品自助式购买。

2. 商务 KTV

商务 KTV 是为商务人员提供兼顾娱乐和业务洽谈的场所，于 20 世纪 80 年代初自东南亚流入中国，主要以商务招待、公司派对为消费群体。

商务 KTV 特点：价格比较高以彰显档次。现场各种服务很好。通常包间内会配备专门的服务员。场内设备可满足卡拉 OK 歌唱、慢摇、轻音乐品酒、棋牌娱乐、台球等服务的需要。

3. 演艺吧

演艺吧，也被称为夜总会，泛指各类夜生活娱乐场所。其最大特点是中间有一个舞台，下面设有观众席，有主持人。一些地区的夜总会，设有舞池、乐队或 DJ（酒吧打碟的人），提供歌舞表演。

4. 慢摇吧

慢摇（downtempo），是一种电子音乐的曲风之一，特点是节奏比较慢。国内所谓的"慢摇吧"，不是真正意义上播放 downtempo 的酒吧，而是请 DJ 去打碟，播放电子音乐的酒吧。慢摇吧因其前卫、反叛、时尚、刺激而较为流行。

5. 餐吧

餐吧是介于餐厅和酒吧之间的餐饮类型，也是近年来餐厅发展的一个方向。餐吧是让客人能够在类似酒吧的环境气氛下用餐的餐饮空间。餐吧与酒吧最大的不同是提供正餐服务，且菜品很有特色。一般的酒吧除酒水外，只有少量的凉菜，很少有酒吧提供热菜服务。餐吧与酒吧相同的是在餐厅的主要经营时间有一些艺术表演，一般集中安排在晚上八点到凌晨两点之间。

6. 清吧

清吧也叫休闲酒吧，此类酒吧以轻音乐为主，比较安静，没有劲歌热舞，适合谈天说地、朋友沟通感情和商务洽谈。清吧的设计与慢摇吧相比，灯光相对柔和温暖，整体的设计也相对优雅，如图 1-1 所示。清吧一般以鸡尾酒、威士忌、葡萄酒等为主要销售品种。顾客可以欣赏调酒师调酒，甚至与调酒师聊聊天。有的客人会买下一瓶昂贵的威士忌或白兰地等寄放在酒吧，便可经常来享受调酒师的服务和清吧的休闲时光。

图 1-1　品泽威士忌休闲酒吧

7. 音乐酒吧

音乐酒吧是以音乐为主题的酒吧。每晚有专业乐队和歌手演出是音乐酒吧的主要特色。许多年轻的音乐爱好者喜欢聚集在这个地方，跟随着专业的音乐人，抒发对音乐的情感，放松心灵。

二、根据酒吧的服务方式分类

1. 立式酒吧（bar）

立式酒吧是典型的传统酒吧。立式酒吧的设计有直线形、马蹄形、环形等，有足够的酒水调制和服务空间。在吧台前设有吧椅，方便客人随时点酒和观赏调酒师表演。其特点是客人直接面对调酒师坐在吧台前，调酒师要当着客人的面进行酒水饮料的调配，调酒操作具有一定的观赏性。如图 1-2 所示。

图 1-2　立式酒吧（直线型吧台）

调酒师对客人实行一条龙服务，完成酒水的推荐、调配和收款，还要与客人保持良好的关系。同时掌握整个酒吧的运营情况，及时反馈酒水的需求情况给经营者。

2. 服务酒吧（service bar）

服务酒吧也叫餐厅酒吧，常见于酒店餐厅及大型独立的中西餐厅中，服务对象以用餐客人为主，主要销售佐餐酒。中餐厅的服务酒吧主要提供各种中国酒，西餐厅的服务酒吧主要提供各种葡萄酒和洋酒。

调酒师不需要直接面对客人，不负责收款、酒水推销等工作，只负责酒水调制和管理。

3. 鸡尾酒廊（lounge）

鸡尾酒廊通常是酒店主要的酒水销售场所，是酒店的主酒吧。较大型的酒店中都设有这种类型的酒吧。通常将其设于酒店门厅附近或大堂吧。鸡尾酒廊一般比立式酒吧宽敞，常有钢琴演奏服务，有的还设有小型舞池供客人跳舞。酒吧有专门的调酒师和服务员。

鸡尾酒廊的气氛高雅，装潢考究，对灯光、音响、家具、环境要求较高。有的酒店将酒吧与咖啡吧、面包房合在一起，除提供酒水外，还提供蛋糕、小吃等。

4. 行政酒廊（executive lounge）

行政酒廊一般出现在全服务酒店，在大多数情况下，酒店均会在高楼层设置行政酒廊。它拥有相对私密的空间、更好的景观以及相对较好的服务。如图1-3所示。

最初，行政酒廊出现在洲际集团旗下的皇冠假日酒店中，它的设立是为了给商务旅客提供一个更加安静的专享场所以满足他们的商旅需求。之后，随着入住酒店的客人逐渐多元化，行政酒廊从名字、服务内容上都迈进了一个全新的时代。

行政酒廊主要提供以下服务：餐饮、会议、休闲聊天、阅读、商务服务、办理入住和退房。

5. 宴会酒吧（banquet bar）

宴会酒吧又称为临时性酒吧，是酒店、餐馆为宴会业务专门设立的酒吧设施。其特点是：临时性强，营业时间短，客人集中，营业量大，服务速度快。

图1-3　行政酒廊

以营业方式划分主要有外卖酒吧、现金酒吧、一次性结账酒吧。其中外卖酒吧是根据客人要求在外临时设置的酒吧，如大使馆、公寓、风景区等附近设置的酒吧；现金酒吧是指参加宴会的客人取用酒水时需随付现金；一次性结账酒吧是客人可随意取用酒水，由宴会主办者结账。

调酒师需做充分的前期准备，服务中需头脑清晰、动作娴熟，有应变能力。

6. 多功能酒吧（grand bar）

多功能酒吧大多设置在综合性娱乐场所，不仅为在此用午晚餐的客人提供酒水服务，还能为有赏乐、蹦迪、唱歌、健身等不同需要的客人提供相应的种类齐备的服务。

调酒师除调酒工作外还负责促销酒水和收银，要求有较全面的酒水和娱乐知识，技术水平高超，具有良好的英语水平。

7. 其他类型酒吧

不同的酒店会根据自身的特点设置各种各样的酒吧，如游泳池酒吧、保龄球馆酒吧等。

项目三　酒吧的区域划分

不同类型的酒吧有不同的区域划分标准。一般情况下，酒吧划分为四个区域。

一、操作空间

操作空间主要是指酒水调制、食品饮料备餐的区域。一般是指吧台及附近区域。吧台又分为前吧、中心吧和后吧。

1. 前吧

前吧，指吧台的前面部分。一般设置在酒吧里显眼的地方，即客人在刚进入之时，便能看到吧台的位置。吧台的高度一般为120~130厘米，前吧的宽度要视吧台的功能而定，如果台前预备有座位，需留有给客人服务的空间，一般宽度为70~75厘米。

吧台样式根据酒吧的整体风格各有不同。其中最为常见的是两端封闭的直线型吧台。这种吧台的优点是酒吧服务员不会将他的背朝向客人，方便随时服务客人。另一种是马蹄形吧台，或者称为U形吧台，吧台凸入室内，两端抵住墙壁，在U形吧台中间，可以设置一个岛形储藏柜用来存放用品和冰箱。还有一种类型是环形吧台或中空的方形吧台。这种吧台的好处是能够充分展示酒品，也能为客人提供较大的空间。其他还有半圆、椭圆、波浪形等吧台样式。

吧台的外围一般布置有吧凳，提供给客人品饮和休息。客人可以第一时间享受酒水服务及观赏调酒师表演。吧凳的高度一般为90~100厘米，材质根据酒吧风格各有不同。

2. 中心吧

前吧下方的操作台，称为中心吧，高度一般为70~90厘米，是调酒师进行酒水操作的地方。台面通常配有洗涤槽、酒瓶架、储物架、操作台等。台下通常配有冰柜、冰杯机、制冰机等。如图1-4所示。

图 1-4 中心吧操作台

3. 后吧

后吧一般为储备酒水的地方，有展示和储物功能。高度根据酒吧的特点设置，通常为175厘米以上。酒水分类陈列，常用的酒水需放置在调酒师伸手可及处。下层一般为高110厘米左右的橱柜。橱柜上层通常陈列酒具、酒杯及各种工具。下层存放其他酒品或安装冷藏柜等设施。如图 1-5 所示。

前吧至后吧的空间，即服务人员的工作走道，一般宽为 100 厘米左右，且不可有其他设备向走道凸出。走道的地面铺设塑料、木头条架或铺设橡胶垫板，以减少服务人员因长时间站立而产生的疲劳。

图 1-5 后吧酒水展示柜

二、服务空间

酒吧的服务空间，即对客人服务的地方，一般在酒吧大厅。根据酒吧的大小和布局的不同，通常设有卡座、包厢等区域。酒吧的前吧台也是重要的对客服务空间。酒吧服务人员自客人进门起，即开展对客服务，询问客人需要就座的场地，引导客人就座，给客人提供茶水，进行酒水推荐和点单等相关服务。服务空间属于公共区域，要注意卫生的洁净、服务设施的齐备、服务人员的配备，以保证对客服务工作的顺利进行。如图1-6所示。

图1-6　酒吧卡座

三、演艺空间

演艺空间，即酒吧的表演区域。很多酒吧都设有演艺空间。不同类型的酒吧，演艺空间的设置也各不相同。演艺吧、慢摇吧之类以表演、蹦迪为主的酒吧，演艺空间应是酒吧的主空间。它的特点是舞台区域大，灯光及装潢能突出主舞台的炫丽，能给客人提供一个观赏与娱乐的空间。清吧、音乐吧之类的演艺空间相对较小，也较集中，突出体现的是观赏性，客人可以边喝酒边聊天边欣赏音乐表演。

图1-7　酒吧演艺空间

四、厨房及储存空间

酒吧除了酒水服务，也向客人提供小食品或简便食品、水果拼盘等。因此，酒吧的厨房必不可少。酒吧的厨房应布置为统间式，即将切配、烹调、洗涤、点心制作都安排在一个统间内，这样就有空间紧凑、联系方便、自然通风好的特点。

由于酒吧所提供的大多是易食易做的点心、快餐或其他食品，所以其厨房面积可以小一些，设备、设施也相对简单。一般情况下，其基本设施设备应包括：

（1）换气扇。有条件情况下应安装两种换气扇，一种是安装位置低一点的进气扇，另一种是安装位置高一点的排气扇。排气扇必须比进气扇风力大，需具有可擦洗的过滤器。

（2）炉灶及烤箱、炸锅、电饭锅、加热保温配餐台等。

（3）冰箱、低温冷藏柜等。

（4）洗涤消毒设施及设备。

另外，酒吧还应设有储存空间，方便存储备用的物品。一般常用的酒水可以直接存放在后吧台的位置，既能展示又方便拿取。而不常用的酒水或其他耗材类、工具类物品需要存放到通风干燥和隐蔽的储存室。

项目四　酒吧的设备

一、常用酒吧设备

常用酒吧设备见表1-1。

表1-1　常用酒吧设备

序号	中文名称	英文名称	功能介绍	图示
1	冰柜	refrigerator	用于冷藏酒水饮料，冷冻冰激凌、小冰块等，温度一般为4℃~8℃，通常为卧式冰柜	图1-8
2	冷藏柜	cooler/freezer	用于冷藏葡萄酒、啤酒、果汁等，温度一般为4℃~8℃，通常为立式冰柜	图1-9
3	果肉榨汁机	juice extractor	用于榨取各种水果、蔬菜汁液的设备。将洗净、去皮、切块的果蔬放入容器内，由低到高的速度运转，可过滤果肉，也可果肉一起倒出食用。通常鲜榨果蔬汁都是现做给客人的	图1-10
4	电动搅拌机	electric blender	可将冰块、牛奶、鸡蛋、蜂蜜、水果等材料进行搅拌，使其充分融合。一般用来制作奶昔、冰霜类鸡尾酒等混合饮料	图1-11
5	制冰机	ice maker	用于制作不同形状的冰块，如四方体、球体、长方条等。不同型号的制冰机可以制出不同形状的冰块。制作时要注意务必使用可饮用的纯净水	图1-12

表1-1(续)

序号	中文名称	英文名称	功能介绍	图示
6	碎冰机	crushed ice machine	用于粉碎大块冰块，制作出冰屑或冰粒。碎冰机制作的碎冰比用搅拌机制作的碎冰更均匀	图 1-13
7	冰杯机	frozen glass machine	用于冰镇鸡尾酒杯、冰激凌杯、啤酒杯等，快捷方便。温度一般在 4℃~6℃。杯具上应有雾霜，但不可结水滴	图 1-14
8	咖啡机	coffee machine	用于制作咖啡、加热牛奶、提供热水。有半自动和全自动等不同的型号	图 1-15

图 1-8　冰柜

图 1-9　冷藏柜

图 1-10　果肉榨汁机

图 1-11　电动搅拌机

图 1-12　制冰机

图 1-13　碎冰机

图 1-14　冰杯机

图 1-15　咖啡机

二、常用调酒用具

酒吧中的常用调酒用具见表 1-2。

表 1-2　常用调酒用具

序号	中文名称	英文名称	功能介绍	图示
1	摇酒器	shaker	摇酒器又称调酒壶或摇壶，是一种饮料混合器，能将各种不同的基酒和调酒原料充分混合并且凉透的工具。一般由不锈钢、银或玻璃制成。通常分为两种：一种是雪克壶，也叫英式调酒壶或三段式摇壶。由壶身、过滤器、壶盖三部分组成，主要用于摇和一些容易混合，又不需要稀释太多水的鸡尾酒；另一种是波士顿壶，也叫美式摇酒壶，由上下两厅两部分构成，主要用于摇和一些分量比较大的鸡尾酒	图 1-16a 图 1-16b

表1-2（续）

序号	中文名称	英文名称	功能介绍	图示
2	量酒器	jigger	量酒器又叫量杯或盎司杯，由不锈钢制成，形状为两个大小不一的对尖圆锥形用具，用来量取各种液体的标准容量杯	图1-17
3	吧匙	bar spoon	吧匙一般由不锈钢制成，一端为匙，另一端为叉，中间部位呈螺旋状。用来调和饮料和取放装饰物时使用，叉状一端通常用于叉柠檬片、樱桃等装饰物，匙状一端主要用于计量和搅拌混合，或捣碎配料	图1-18
4	调酒杯	mixing glass	一种厚玻璃器皿，用来盛冰块及各种饮料成分。典型的调酒杯容量为16~17盎司	图1-19
5	滤冰器	strainer	滤冰器又称滤网，是一种带网眼的滤冰工具，大多为不锈钢材质。滤冰器呈扁平状，上面均匀排列着滤孔，边缘围有弹簧，倒酒时用来过滤冰块	图1-20
6	冰桶	ice bucket	由不锈钢或玻璃制成，桶口边缘有两个对称双耳。主要用于装冰块，也可用于冰镇酒。用冰桶盛冰可缓解冰块融化速度	图1-21
7	冰夹	ice tong	由不锈钢或塑料制成，夹冰部位呈齿状。主要用于夹取冰块、水果和装饰物等	图1-22
8	冰铲/冰勺	ice scoop	由不锈钢或塑料制成，用于从制冰机或冰桶内勺取冰块，每次取用量较多	图1-23
9	捣碎棒	muddler	由不锈钢（底部是橡胶）或木制制成，用来捣碎材料。在制作一些较新鲜的鸡尾酒时会用到，比如经典的莫吉托、薄荷朱莉酒。使用捣碎棒可以将如柠檬、薄荷叶等一些水果压碎的同时保存果泥在杯中	图1-24
10	瓶嘴/酒嘴	pourer	瓶嘴插于酒瓶口，用于倒酒时控制酒液流量。酒液透过酒嘴的定流速能够让调酒师在调酒的过程中更为方便	图1-25
11	鸡尾酒针/酒签	cocktail picks	用于穿插各种水果及装饰物，一般由不锈钢等材质制成	图1-26
12	水果刀	knife	用于切雕鸡尾酒装饰物和制作果盘	图1-27
13	杯垫	coaster	用来垫在出品的鸡尾酒等冰镇饮料或热饮下，防止因冰块融化水珠流到桌面或热饮太烫伤到客人。一般采用吸水性能好的硬纸、硬塑料、胶皮等材料制成。同时，多种的样式也可起到一定装饰作用	图1-28
14	冰锥/凿冰器	ice chisel	用于制作冰球等不同形状的冰块，有单头、三头等多种型号	图1-29
15	手动榨汁器	manual juicer	用于手动榨取柠檬汁等调酒所需辅料	图1-30

图 1-16a 雪克壶

图 1-16b 波士顿壶

图 1-17 量酒器

图 1-18 吧匙

图 1-19 调酒杯

图 1-20 滤冰器

图 1-21　冰桶

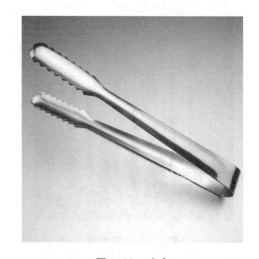

图 1-22　冰夹

图 1-23　冰铲/冰勺

图 1-24　捣碎棒

图 1-25　瓶嘴/酒嘴

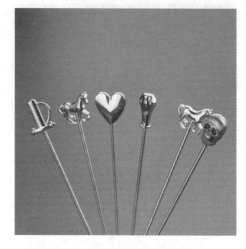

图 1-26　鸡尾酒针/酒签

图 1-27 水果刀

图 1-28 杯垫

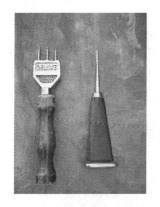

图 1-29 冰锥/凿冰器

图 1-30 手动榨汁器

三、常用酒杯

酒吧中的常用酒杯见表 1-3。

表 1-3 常用酒杯

序号	中文名称	英文名称	功能介绍	图示
1	烈酒杯	shot glass	烈酒杯也叫白酒杯、一口杯,容量一般为 56 毫升,常用于各种烈酒,只限于净饮(不加冰)	图 1-31
2	古典杯	old fashioned glass	古典杯又称威士忌杯、圆冰球专用鸡尾酒杯,容量一般为 224~280 毫升,大多用于喝加冰块的酒喝净饮威士忌,也用于制作一些鸡尾酒	图 1-32
3	浅碟形香槟杯	champagne saucer	用于喝香槟或某些鸡尾酒	图 1-33

表1-3（续）

序号	中文名称	英文名称	功能介绍	图示
4	郁金香形香槟杯	champagne tulip	起泡酒杯，用于喝香槟酒	图1-34
5	白兰地杯/干邑杯	brandy snifter	净饮白兰地时使用	图1-35
6	高球杯/海波杯	highball glass	一般用来盛特定的鸡尾酒或混合饮料，容量为240~340毫升。高球杯比古典杯高，而且较宽	图1-36
7	柯林杯	collins glass	直身水杯、长饮杯。用于各种烈酒加汽水等软饮料、各类汽水、矿泉水和一些特定鸡尾酒（如各种长饮）	图1-37
8	鸡尾酒杯	cocktail glass	专门调制鸡尾酒的酒杯，因马天尼鸡尾酒而著名，因此也叫马天尼杯	图1-38
9	玛格丽特杯	margarita glass	专门盛放玛格丽特鸡尾酒的酒杯，杯口宽边的设计便于做雪花盐边装饰	图1-39
10	利口酒杯	liqueur/cordial glass	一般在净饮利口酒时使用，也适用于天使之吻、彩虹酒等餐后鸡尾酒，容量一般为30~90毫升	图1-40
11	雪利酒杯	sherry glass	容量约56毫升，主要用途是盛雪利、波特等甜酒	图1-41
12	扎啤杯	beer mug	喝生啤用的酒杯，通常都是大、厚、重、带有把手的杯子，方便碰杯和畅饮，不影响啤酒的低温	图1-42
13	皮尔森杯	pilsner	通常用来喝淡啤酒。一般都是又细又长、口大底小圆锥形的杯身，杯壁较薄。可以欣赏皮尔森型啤酒晶莹透彻的色彩，以及气泡上升的过程，另外宽杯口是为了在顶部保留适当的泡沫层	图1-43
14	白葡萄酒杯	white wine glass	喝白葡萄酒的酒杯，杯肚和杯口都偏小，这样容易聚集酒的香气，不至于让香气消散得太快	图1-44
15	红葡萄酒杯	red wine glass	底部有握柄，杯子上身较白葡萄酒杯更深，且更为圆胖宽大	图1-45
14	爱尔兰咖啡杯	irish coffee glass	专门用来盛放爱尔兰咖啡的玻璃杯，外形像红酒杯，但材质不同，可直接放到酒精灯上加热	图1-46
15	提基杯	tiki mug	提基杯也称为夏威夷鸡尾酒杯，外形有图腾，是波利尼希利神话中人类的始祖。一般用来盛放夏日风情饮品	图1-47

图1-31 烈酒杯

图1-32 古典杯

图1-33 浅碟形香槟杯

图1-34 郁金香形香槟杯

图1-35 白兰地杯／干邑杯

图1-36 高球杯/海波杯

图 1-37　柯林杯

图 1-38　鸡尾酒杯

图 1-39　玛格丽特杯

图 1-40　利口酒杯

图 1-41　雪利酒杯

图 1-42　扎啤杯

图 1-43　皮尔森杯

图 1-44　白葡萄酒杯

图 1-45　红葡萄酒杯

图 1-46　爱尔兰咖啡杯

图 1-47　提基杯

实训项目

项目一　酒吧的市场调查

实训目标：通过对不同酒吧的调研，使学生直观地感受酒吧文化，了解酒吧的布局和经营风格，进而加深对酒吧的类型、功能和行业发展动态的了解。

实训内容：组织学生前往当地不同类型的酒吧进行参观调研，了解酒吧的类型和功能，布局风格和特点，设备、器具和酒水种类，销售品种和经营方式等。

实训方法：教师集中带队外出到现场教学；学生分组外出走访调研；集中分享汇报、教师点评。

实训步骤：

（1）设计酒吧市场调查表（可参考表 1-4）；

（2）开展外出调研活动；

（3）完成调查表和调研报告；

（4）汇报调查结果。

考核要点：

对酒吧的类型、功能、设备、经营和销售的认知。

表1-4 酒吧市场调查表

调查人：　　　　　　　　　　　调查时间：

序号	调查项目	调查情况描述	备注
1	酒吧的名称		
2	酒吧的位置		
3	酒吧的类型		
4	酒吧的功能		
5	酒吧的装潢		
6	酒吧的特色		
7	酒吧的布局		
8	客座容量		
9	酒水销售品种		
10	酒单设计		
11	酒吧的设备、器具		
12	人员配置		
13	顾客来源		
14	经营状况		
15	综合评价		

项目二　酒吧常用器具的识别和使用

实训目标：熟悉酒吧常用器具并熟练使用，为之后的酒水服务与调制打好基础。

实训内容：常用调酒用具的识别和使用、常用酒杯的识别和用途。

实训方法：教师示范讲解、学生实操练习。

实训步骤：

（1）教师讲解并示范常用调酒用具的使用方法；

（2）教师现场指导学生使用，学生分组操练；

（3）教师介绍常用酒杯及不同酒水载杯的选择；

（4）设计酒杯识别与选择的小游戏，帮助学生区分和记忆不同类型的酒杯及其用法。

考核要点：

（1）常用调酒用具的名称和使用技巧；

（2）常用酒杯的名称及其用途。

◇拓展阅读

特色主题酒吧——机器人酒吧 Bionic Bar

皇家加勒比邮轮"海洋量子号"是全球邮轮史上的一次重大飞跃。这艘可容纳4 180名游客，载重量达167 800吨的巨型邮轮，不再仅仅是适合老年人欣赏歌舞表演和享受大餐的度假场所，为了吸引更多年轻游客，"海洋量子号"运用了大量时下极其新潮的科技。游客身处其中，仿若步入未来时空。

皇家加勒比邮轮"海洋量子号"的Bionic Bar是世界上第一个采用机器人酒保的酒吧。调酒师是一对机械手臂，不但能标准规范地完成一系列调酒动作，还能完成许多人类无法完成的高难度动作。这对机械手臂便是在2013年Google I/O开发者大会上亮相过的Makr Shakr机器人。

客人可以通过平板电脑点自己想要的东西，只要你能说出名称，电子屏上就能显示出来你所点商品。不管你要点的是"玛格丽特"还是"马天尼"，只要在吧台旁的平板电脑上选定，然后轻轻一刷自己的智能房卡或手环，便可观看机器人酒保为你调制各种鸡尾酒。你可以静静欣赏机器人酒保娴熟地从吧台上取酒、倒酒、摇匀、搅拌……直到一杯美味的鸡尾酒被自动传送到你的面前。

这些机器人酒保的所有调酒动作，都是从芭蕾王子罗伯托·博莱的舞蹈动作演变而来的，并且他们还能做出比真人更为优美的花式调酒动作。仅仅观看调酒过程，也是一种莫大的享受。

酒吧里的机器人可算得上是专业而称职的调酒师了，它带给乘客们的是无穷的科技元素和机械智能的美感。

◇英文服务用语

1. 酒吧设施
bar counter 吧台/立式酒吧
service bar 服务酒吧
lounge 鸡尾酒廊
banquet bar 宴会酒吧
grand bar 多功能酒吧

refrigerator 冰柜

cooler/freezer 冷藏柜

juice extractor 果汁榨汁机

electric blender 电动搅拌机

ice maker 制冰机

crushed ice machine 碎冰机

glass washing machine 洗杯机

frozen glass machine 冰杯机

2. 调酒用具

shaker 摇酒器

jigger 量酒器/量杯

bar spoon 吧匙

mixing glass 调酒杯

strainer 滤冰器

ice bucket 冰桶

ice tong 冰夹

ice scoop 冰勺

muddler 捣碎棒

pourer 酒嘴

manual juicer 手动榨汁器

cocktail picks 鸡尾酒签

coaster 杯垫

straw 吸管

cutting board 砧板

3. 酒杯

shot glass 烈酒杯/子弹杯

old fashioned glass 古典杯

champagne saucer 浅碟形香槟杯

champagne tulip 郁金香形香槟杯

highball glass 高球杯/海波杯

brandy glass 白兰地杯

wine glass 葡萄酒杯

white wine glass 白葡萄酒杯

red wine glass 红葡萄酒杯

liqueur glass 利口酒杯

beer mug 扎啤杯

sherry glass 雪利酒杯

pilsner 皮尔森啤酒杯

margarita glass 玛格丽特杯

martini glass 马天尼杯

julep cup 朱丽普杯

tiki mug 提基鸡尾酒杯

irish coffee glass 爱尔兰咖啡杯

collins glass 柯林杯

◇考核指南

一、知识项目

1. 简述酒吧的起源和发展。

2. 区分酒吧的类型和功能。

3. 熟悉酒吧设施的英文表达。

二、实训项目

1. 识别和使用酒吧设备、调酒器具和酒杯。

2. 熟悉调酒器具、学习酒杯的英文表达。

模块二 调酒师职业认知

◇**学习目标**

●知识目标

➢了解调酒师职业的概念

➢熟悉调酒师的工作内容

➢明确调酒师的职业素质

●能力目标

➢能够进行酒吧的"开吧"和"收吧"工作

➢能够根据职业素质的要求开展对客服务

◇**项目导入**

在当今酒吧文化盛行的时代，调酒师职业已成为一大热门职业。调酒师是酒吧的灵魂。本模块将带你领略调酒师职业内涵，了解调酒师的工作内容，并介绍一名合格调酒师应具备的职业素质。

知识项目

项目一 调酒师职业描述

调酒师（bartender）是在酒吧或餐厅专门从事酒水的配制和销售工作，并让客人领略酒的文化和风情的人员。调酒师主要从事的工作有调酒的专业服务、行业研究和调酒文化推广、酒吧的经营管理、调酒培训教学等。

国外对调酒师的执业要求非常高，一个调酒师要经过严格的考核，取得相应的技术执照才能上岗。例如，在美国有专门的调酒师培训学校，凡是经过专业培训和考核的不但就业机会多，且享有较高的工资待遇。在日本，要成为一名合格的调酒师，要付出的时间和精力都非常多。一般在成为调酒师之前都要从学徒做起，且一开始并不能直接学习调酒，需经过几年的历练，打好基础，师傅才开始传授技艺。国际职业调酒师协会（International Association of Professional Bartenders，英文简称 IAPB）是全球颇具权威性的著名调酒师协会，也是全球开展调酒从业人员资格认证工作最完善、最规范、最专业的机构，自成立以来积累了丰富的国际认证工作经验。

在国内，随着酒吧文化的盛行，调酒师职业也开始火热起来。原国家劳动和社会保障部组织过"调酒师职业资格等级认证"，但是这几年已逐渐淡化。在当今高速发展的时代，企业更注重个人的实际能力，证书已经不能作为找工作的有力工具了。在花式调酒盛行的年代，酒吧招聘调酒师首要看其会不会抛瓶等花式技能，现在更看重的是调酒师对调制酒水的独特认知和专业技术，酒文化的涵养以及对于整个行业发展及流行趋势的掌握。这样的人才能不落伍，有创意有想法，并能满足客户的需求。

调酒师职业是一个充满激情与活力的职业，也是一个充满温暖与关怀的职业。在美国，调酒师还被称为"丧失了希望和梦想的人赖以倾诉心声的最后对象"。人们无论是买醉还是小酌，忧愁还是喜悦，在酒吧这样的环境下有酒，有倾诉的人，都是一种减压的方式。可见调酒师还有一个潜藏的职责，就是一切以顾客的感受为上，酒水的服务要体现出对顾客发自内心的关怀。

项目二　调酒师的工作内容

调酒师的工作主要包括：酒吧的清洁、酒吧的摆设、调制酒水、酒水补充、应酬客人和日常管理。

一、营业前准备——"开吧"

营业前准备俗称"开吧"，主要包括酒吧的清洁卫生、领取物品、存放酒水、酒吧摆设、调酒准备等工作。开吧是一个合格的调酒师最基本且十分重要的工作任务。一般酒吧迎客前调酒师都要花上一到两小时的时间用来开吧，以保证营业顺利有序地进行。那具体要如何开吧呢？

首先，酒吧的清洁卫生。一般来说，吧台上的清洁工作应该在收吧时就要完成，第二天的开吧只是做好再次检查。但是对于不经常使用的吧台，开吧的清洁工作就一定要做到位，包括酒吧的公共区域，如卡座、厕所等地方，有的酒吧会请专门的保洁员来清洁。

其次，清点库存和补充材料。营业前务必要准备好充分的酒水、饮料、新鲜水果等耗材。根据营业情况每天或定期做好酒水使用量的登记，对于易消耗的酒水要及时补充，不常使用的酒水要仔细查看是否过期并及时更换。水果等新鲜耗材一般要每天送货，开过的水果、果汁等不能放到第二天使用。

最后，就是调酒的前期准备工作。因鸡尾酒的工具和材料较多，需提前做好准备。冰块是使用最多的材料，除了准备调酒用的冰块外，现在十分流行手工冰球的制作。冰球主要用来给客人在品饮威士忌等烈酒时使用。调酒师会花上大量时间用来制作冰球，首先将冷冻了四天左右的大冰块切成几块小正方体冰块，再用冰锥等工具将正方体削成一个球体。冰球仿佛一个晶莹剔透的水晶球，被放在同样晶莹剔透的玻璃杯中，混合着金黄色的威士忌，在灯光下缓缓地摇动，伴着轻盈的音乐发出清脆的摇晃冰块的声音。客人不是在喝酒，而是在欣赏一种艺术，品味一种心情。另外一个比较耗时的工作就是准备辅料和装饰物。调酒用得最多的水果辅料就是柠檬。因为柠檬皮包裹的白色部位是苦的，在榨汁时最好先去皮。榨好的柠檬汁可放入冰箱备用。其他的新鲜水果需洗干净备用，无须切好，要现调现做。最后就是准备酒具，把所有要使用到的酒具洗净擦干，分类放好。如图2-1 ~图2-3所示。

图2-1 开吧

开吧工作视频

擦拭杯具视频

削冰球视频

图 2-2　威士忌加冰球

图 2-3　削冰球

二、营业中的工作程序

营业中的工作程序一般包括迎客、点单、酒水推销与结账等待客服务和酒水供应与调酒服务等。酒吧工作一般分为外场和内场。外场主要负责待客服务，内场主要负责酒水调制。外场由酒吧服务员或调酒师负责，内场由专业调酒师负责。小型酒吧无须配备太多人员，调酒师可以独自完成不同岗位的工作。因此内外场一般由不同调酒师轮流负责，大家各司其职。不同的是外场的销售调酒师可以拿提成，这也在一定程度上刺激了调酒师要做好外场的待客服务工作。

（一）待客服务

从客人进门起，外场调酒师便开始了待客服务。首先，迎接客人，询问客人需求，引领客人到合适的位置就座。接着，递上迎客茶水和酒单，给客人点单。期间，如果客人有酒水介绍需求或拿不定主意，需要给客人介绍和推荐合适的酒水。客人点完后外场调酒师需要向客人重复一遍订单并向客人确认。根据客人的性别、年龄差异记录好酒水制作的先后顺序并把单子交给内场调酒师，通常优先给老人、小孩和女士先呈递。客人在品饮期间，应站在不妨碍客人但容易让客人看到的地方，方便随时服务客人。当客人酒水快喝尽时，应礼貌地询问客人是否还需要添加。结账时，要给客人查看账单，及时结账。最后，礼貌送客，并欢迎客人下次光临。

（二）酒水调制

内场调酒师的酒水调制至关重要。帅气的调酒师、流畅娴熟的调酒动作、精致华丽的鸡尾酒是整个酒吧的灵魂。除了根据外场的单子进行酒水的调制外，很多客人会直接坐到吧台前，与内场调酒师进行交流并欣赏调酒师的表演。因此，对于内场调酒师来说，除了要保证酒水质量外，还要兼顾调酒动作的观赏性和与客人交流的技巧。

调酒时，应面向客人，大方得体地向客人展示整个调制流程，动作要潇洒、流畅。调制过程要注意卫生，尽量避免直接用手触碰入口的材料。不能有摸头发、擦脸等小动作。

主动与顾客沟通，随时关注客人的需求，给客人带来舒心的享受。如图 2-4 所示。

图 2-4 酒水调制

三、营业后的工作程序——"收吧"

营业后的工作是第二天营业的重要保障，主要工作程序包括清理酒吧卫生、填写每日工作报告、检查火灾隐患、关闭电器开关、锁好门窗等。

清理酒吧的重点是清洁吧台及客人座位等区域，包括清洗杯具及调酒工具、擦拭酒瓶、清洁烟灰缸、擦拭桌面、处理各类垃圾等。填写每日工作报告，不同类型的酒吧要求不同，一般包括记录当日营业额、顾客人数、平均消费额、特别事件和顾客投诉等，以便给酒吧管理者掌握酒吧的运营状况和服务情况。最后，尤其要注意检查电器开关及其他火灾隐患，关闭好门窗。

项目三 调酒师的职业素质

一、职业道德

职业道德是符合职业特点所要求的道德准则、道德情操与道德品质的总和。它能调节职业交往中从业人员内部及从业人员与服务对象间的关系。从业人员良好的职业道德有助于维护和提高本行业的信誉。员工的责任心、良好的知识和能力素质及优质的服务是促进本行业发展的主要动力。

调酒师作为酒水服务行业人员，要做到：

（1）忠于职守，礼貌待人；

（2）清洁卫生，保证安全；

（3）团结协作，顾全大局；

（4）爱岗敬业，遵纪守法；

（5）钻研业务，精益求精。

二、职业礼仪

调酒师职业是进行对客服务的一种职业，职业礼仪的要求较高，尤其要注意仪容仪表和礼貌礼仪这两方面。

（一）仪容仪表

调酒师得体的服饰与穿着打扮，是一种职业象征，体现着不同酒吧的独特风格和精神面貌。良好的仪容仪表是对宾客的尊重。调酒师整洁、卫生、规范化的仪表，能烘托服务气氛，使客人心情舒畅。仪容是调酒师上岗之前自我修饰、完善的一项工作。即使你的身材标准，服装华贵，如不注意修饰打扮，也会给人以美中不足之感。尤其注意调酒师的头发不能凌乱，刘海不要过眼，要给人干净精神的印象。

（二）礼仪

规范的礼仪是对调酒师工作最基本的要求。微笑是最基本的礼仪，调酒师任何一个微笑的动作都会直接对宾客产生影响。在酒吧服务时，调酒师要注意把握好对客服务的语言、行为举止、态度神情等，力求做到各方面都要符合礼仪规范，让客人有宾至如归之感。

三、专业素质

调酒师的专业素质是指调酒师服务意识、专业知识及专业技能。

（一）服务意识

调酒师的服务意识是"顾客就是上帝"思想的表现。调酒师必须认识到服务的重要性，从而增强自身的服务意识。具体应体现在：随时随地对客人以专业的服务礼仪相待；能及时为客人提供服务并帮助其解决遇到的问题；遇到紧急特殊情况，能按规范化的服务程序解决，尽量满足客人的特殊需要。

（二）专业知识

好的调酒师不仅需要调酒技术高超，还要有扎实的专业知识功底，这样才能给客人提供优质的服务。一般来讲，调酒师应掌握的专业知识包括：

（1）酒水知识。调酒师只有对各类酒的产地、特点、制作工艺、名品、质量、历史背景等有清晰的认知，才能调制和创作出优质口感的酒水。

（2）酒吧设备、调酒用具知识。调酒师需要掌握酒吧里常用设备的使用要求，操作过程及保养方法，以及调酒用具及各类酒杯的使用、搭配原则和保管知识。

（3）原料储藏保管知识。调酒师需要了解原料的特性，以及酒吧原料的领用、保管使用、储藏知识。

（4）安全卫生知识。调酒师需要了解酒水操作的卫生要求，掌握安全操作规程，注意灭火器的使用范围及要领，掌握自救的方法。

（5）酒水调制与创新知识。调酒师需要熟练掌握各类经典酒水的调制配方和调制方法，了解酒水搭配与创新原则和技巧。

（6）酒单知识。调酒师需要掌握酒单的结构和设计方法，能够清楚地给客人介绍酒单，能根据酒吧特点和客人喜好设计酒单。

（7）习俗礼节知识。调酒师需要了解不同国家的习俗礼节，以便规范地进行服务，避免跨文化交际冲突。

（8）英语知识。调酒师需要掌握各类酒吧常用英语、酒水术语等。

（9）其他知识。

（三）专业技能

调酒师高超的专业技能是一目了然的活招牌，不但是提供优质酒水的保障，更是优质服务的体现。专业技能的提高需要通过专业训练和长期的自我练习来完成，主要包括以下几个方面：

（1）酒吧设备、用具的操作和使用技能。正确规范地使用设备、用具，可延长设备、用具的寿命，提高服务效率。

（2）装饰物制作及准备技能。掌握各类果蔬装饰物的制作方法，能够快速完成削冰球、切割冰块等准备工作。

（3）调酒技能。掌握调酒的动作、姿势、技巧以保证酒水的质量和口味。标准、娴熟、潇洒的调酒操作不但能保证酒水出品的质量，同时也是极具观赏性的表演。

（4）酒具清洗操作技能。掌握酒具的清洗、消毒、保管的方法。

（5）酒水销售技能。掌握酒水销售技巧，能在客人满意的前提下推销出更多的酒水，提高酒吧收益。

（6）酒水服务技巧。掌握对客服务的基本流程与技巧。

（7）其他技能。

四、人际交往能力

人际交往能力是与人交往与沟通的一项重要能力，只有具备与顾客交往沟通的能力，才能及时了解顾客心理，更好地为顾客服务，同时也让顾客感觉到温暖与关怀，从而由新客变成老客，形成长期稳固的客户关系。

良好的客户关系是酒吧经营的成功关键，调酒师应注意培养良好的人际交往能力。

（一）人际感受能力

人际感受能力指对他人的感情、动机、需要、思想等内心活动和心理状态的感知能力，以及对自己言行影响他人程度的感受能力。调酒师在平时要多观察，时刻留意顾客的需求。如发现顾客有不适，应主动询问，并提供帮助。要善于揣摩顾客心理，知道何时说话、何时倾听。

（二）人事记忆力

人事记忆力指记住交往对象的个体特征，以及交往情景、交往内容的能力。调酒师每天要面对五湖四海不同类型的顾客，要一直充满热情地去迎接每位顾客，真诚地与每位顾客交流。不要敷衍待客，要认真记下顾客的名字、顾客喜爱的酒水以及与顾客聊天的信息。待顾客下一次光顾时，你能亲切地呼唤他的姓名，递上他钟爱的那杯酒水，关心地询问他上次的烦恼是否解决。所谓优质的服务就是能让顾客在满意中收获惊喜和温暖。

（三）人际理解力

人际理解力指理解他人的思想、感情与行为的能力。人际理解力暗示着一种去理解他人的愿望，能够帮助一个人体会他人的感受，通过他人的语言、语态、动作等理解并分享他人的观点，抓住他人未表达的疑惑与情感，把握他人的需求，并采取恰如其分的语言帮助自己与他人表达情感。酒吧是一个休闲放松的场所，很多人到酒吧休闲娱乐、交友聊天，还有部分顾客是带着忧愁和烦恼来的，他们希望在酒吧能够得到一定的释放。调酒师此时就要充分发挥人际理解力，既能耐心地倾听、理解顾客，又能合理巧妙地开导顾客，帮其舒缓身心，也可避免顾客醉酒闹事。

（四）风度和表达力

风度和表达力是人际交往的外在表现，指与人交际的举止、做派、谈吐、风度，以及真挚、友善、富于感染力的情感表达，是较高人际交往能力的表现。调酒师要时刻注意自己的用语、神情和行为举止。对客服务声音要轻柔，语速、语调得当。即便遇到闹事的顾客也不可言语失当。要始终对顾客报以微笑，不可出现厌烦、轻视等不当神情。随时注意使用礼貌的肢体语言。

（五）合作能力与协调能力

这是人际交往能力的综合表现，是团队合作的必要能力。团队协作是酒吧经营的基石，出色的团队不仅能提高工作效率和经营效益，还能在一个团结温馨的氛围里找到努力工作的斗志和激情。因此，调酒师应处理好与同事和上下级之间的关系，消除矛盾，建立富有成效的关系，达成共同进退的共识。

实训项目

项目一　开吧和收吧

实训目标：通过带领学生到实训室进行酒吧开吧和收吧的实训，使学生熟练掌握开吧和收吧的知识点和操作要领。

实训内容：对酒吧进行卫生检查、清点库存、材料补充、设备检查、调酒工具清洁、摆设等开吧实训；对酒吧进行清洁、调酒工具清洁消毒、每日工作报告填写、火灾隐患检查、电器开关关闭等收吧实训。

实训方法：学生分组进行实训；实训后进行学生互评、教师点评。

实训步骤：

一、开吧

（1）检查酒吧卫生，擦拭桌面和吧台，清扫地面；

（2）给学生提供需要准备的酒水品种、材料及使用的设施和调酒器具的清单，让学生开始清点库存并备料；

（3）设备检查；

（4）清洗调酒工具和杯具；

（5）规范摆放调制酒水的工具、酒水及耗材。

二、收吧

（1）收拾和清洁吧台；

（2）清洗酒具、杯具，并进行消毒、存放；

（3）清洁使用过的酒瓶并归放好原位；

（4）清扫地面和桌面，处理垃圾；

（5）关闭设备电源，检查安全隐患；

（6）填写工作报告。

考核要点：

考查开吧和收吧中每个流程的完整性、操作的规范性和预期效果。

项目二　特殊事件处理

实训目标：训练学生处理特殊事件的能力，培养学生的应变能力、危机处理能力、人际沟通能力和服务意识等。

实训内容：提供三个特殊事件给学生进行情景演绎——如何处理喝醉酒闹事的客人，客人自带酒水、食物时如何处理，客人不满意饮品或食物时如何处理。

实训方法：学生分组进行实训，学生互评、教师点评。

实训步骤：

（1）将学生分成几组；

（2）学生抽签决定要表演的主题；

（3）学生商量准备；

（4）学生进行现场表演；

（5）所有小组表演完后，进行小组投票选出最佳小组；

（6）学生互评，教师点评、总结。

考核要点：

考查学生对特殊事件处理的流程是否规范、合理，是否能顺利解决问题，并能让客人满意；同时整个处理过程用语的得体性、行为举止的规范性以及服务意识是否到位。

◇拓展阅读

这个星球神秘的东西有很多，侍酒师就是其中一个①

"你们是不是要喝很多酒？是不是酒量很好？"对于这样的误解，经常发生在从事葡萄酒相关行业的人身上，侍酒师也不例外。有人将他们和餐厅服务员混为一谈，也有人以为他们是品酒师或者是调酒师。侍酒师（sommelier）一词源于法语，在法语词典中解释为：一为旧时的膳食总管，二为饭店的酒务总管。侍酒师工作的场所通常是酒店或一些高级餐厅，我们在生活中较少接触侍酒师，这也使得这一职业颇具神秘感，现在掀开这一面纱，你会发现侍酒师不仅多才，还很贴心。

侍酒师这个起源于欧洲宫廷的传统职业，在中国仍然是小众职业，而且略显神秘。究竟侍酒师平时的工作是否只是在侍酒？究竟成为侍酒师需要具备什么样的素质和能力？

在一些人的眼中，侍酒师不过是酒侍（wine waiter），而不是侍酒师。产生这样的误解是因为侍酒师有一项工作确实就是在餐厅侍酒，而且是直接接触客人，所以，久而久之大家便产生了这样的印象。殊不知，侍酒师的主要工作并不是在餐厅服务。餐厅侍酒之外，他们都在做什么？

侍酒师分很多级，有初级侍酒师、中级侍酒师和高级侍酒师，不同等级的侍酒师工作性质也不一样。大部分的侍酒师的工作日常是：中午饭点的时候在餐厅服务侍酒；下午四点到五点在餐厅准备晚餐的桌子，摆放好相应的酒杯等；下午五点半进行员工培训，然后去吃饭；晚上六点到十点就是晚餐的侍酒服务；十点之后把杯子擦干净，盘点这一天卖掉的酒，然后出单，第二天再到酒仓领酒。如此反复。

到了首席侍酒师的位置，要处理的事情就更加多了，除了表面上大家认为的为客人选酒、侍酒之外，还要接触供应商、酒庄并进行酒款的选择，随后为每个餐厅、酒吧制作酒单，计算成本，酒水的订料，更要帮助餐饮部的每一位同事进行酒水知识、酒水服务、酒水销售的培训工作。同时，还要帮助酒店定期组织一些晚宴和活动。这些晚宴和活动不仅能促进餐厅或宴会厅的营业额增长，还能帮助酒店在市场方面建立更好的品牌形象。侍酒师大概在午餐前到达餐厅，开始一天的服务工作，午餐结束后会做一些文书工作，包括酒

---

① 本文引自 杨翠婷. 酒宴背后的侍酒师 [J]. 葡萄酒. 2017 (7). 有改动。

水订料、采购或是财务的相关工作，然后，到了晚餐时段继续进行晚餐的服务。有时下午还会穿插一些培训工作或者和供应商的相关会议。

由此可见，侍酒师不仅是一个体贴耐心的服务者，还是通晓酒知识理论与操作的全才，更是一个有宏观眼光的出色的经营者。通常侍酒师在餐厅里面的地位是比较高的，因为他们的想法需要和经理去沟通，这会直接带动餐厅的营业额。过硬的专业知识是基础，侍酒师要掌握的不仅是葡萄酒的知识，还涉及其他烈酒、鸡尾酒、咖啡、雪茄、芝士等知识。除此之外，侍酒师还必须掌握熟练流畅的侍酒动作：正确地开瓶、优雅地醒酒……这些侍酒动作足够熟练，散发出来的便是自信，客人是能感受得到的。

◇英文服务用语

一、酒吧职位

bartender 调酒师

head bartender 调酒师主管

assistant bartender 助理调酒师

bar manager 酒吧经理

bar utility/back 吧员

bar waiter/waitress 酒吧服务员

sommelier 侍酒师

二、酒吧服务用语

1. 先生，很抱歉。有什么可以帮您的吗？

I'm terribly sorry about that, sir. What can I do for you?

2. 您要再来一杯饮料吗？这一份免单。

Can I get you another drink? This one's on the house.

3. 这里空气很闷。您要出去呼吸点新鲜空气吗？

It is very stuffy here. Would you like to get some fresh air out?

4. 先生，对不起。这是我们的最低消费：两杯饮料，每杯 90 元人民币，再加 10%的服务费。

I'm sorry, sir. That's our minimum charge —— two drinks at 90 RMB each, plus 10% service charge.

5. 我们这里没有生啤，只有瓶装啤酒。

We don't have any draught beer. We only have bottled beer.

6. 布朗先生，您今晚要喝点什么？是不是像往常一样来杯啤酒？

What's your pleasure this evening, Mr. Brown? Your usual beer?

7. 对不起，您喝醉了，我们不能卖酒给您。

I'm sorry but I can't serve you since you're intoxicated.

◇考核指南

一、知识项目

1. 简述调酒师职业的概念。

2. 熟悉调酒师工作内容的流程、具体操作和要求。

3. 明确合格调酒师应具备的职业素质。

4. 熟悉酒吧职位和酒吧服务英文表达。

二、实训项目

1. 能够进行酒吧的开吧和收吧工作。

2. 能够规范处理特殊事件。

模块三　酒水认知

◇**学习目标**

●知识目标

➤了解酒水和酒的概念与分类

➤了解酒的成分与风格

➤了解发酵酒、蒸馏酒、配制酒及非酒精饮料的定义、特点和分类

●能力目标

➤掌握不同酒类的识别方法

➤掌握不同酒类的品鉴技巧

◇**项目导入**

酒水即饮品，又称饮料，在人们生活中扮演了十分重要的角色。"客来敬茶，宴请喝酒"已成为一种礼节、一种文化。酒水的种类品种繁多，各具特色。本模块将重点介绍各类酒水的定义、特点和分类，使同学们对酒水有一个总体的了解，为下一步学习酒水服务和酒水调制打好基础。

知识项目

项目一　酒水和酒的认知

一、酒水的概念与分类

（一）酒水的概念

酒水又称为饮料（beverage），指经过加工制造，可供饮用的液态食品。

《英语牛津字典》对酒水的定义为"Any sort of drink except water, e.g. milk, tea, wine and beer."即除水以外的任何一种可饮用的液体，比如，牛奶、茶、葡萄酒、啤酒等。可见，大自然中的水和医用药水不在此列。

（二）酒水的分类

1. 按物理形态分类

（1）液态饮料：液态的所有饮料，如汽水、果汁、啤酒等；

（2）固态饮料：茶、咖啡、速溶饮料等。

2. 按饮料中是否含二氧化碳气体分类

（1）碳酸饮料：含碳酸气体的饮料，如可乐、雪碧等；

（2）非碳酸饮料：不含碳酸气体的饮料，如鲜榨果汁、茶、咖啡等。

3. 按饮料中是否含有酒精（乙醇）分类

（1）含酒精饮料：中国白酒、白兰地等；

（2）无酒精饮料：果汁、汽水等。

二、酒的概念与分类

（一）酒的概念

《现代汉语词典》对酒的定义是："酒是一种用粮食果品等含淀粉或糖的物质，经发酵蒸馏而成的，含乙醇、带刺激性的饮料。"

《韦氏辞典》对酒的定义是："含酒精量在 0.5%～75.5% 之间的酒精饮料都可以称为酒。"

（二）酒的分类

（1）按生产工艺分类：可分为酿造酒、蒸馏酒、配制酒；

（2）按酒精含量分类：可分为高度酒（40 度 < 酒精度数）、中度酒（20 度 < 酒精度数 ≤ 40 度）、低度酒（酒精度数 ≤ 20 度）；

（3）按商业经营性质分类：可分为白酒、黄酒、果酒、药酒、啤酒等。

（4）按酒的香型（中国酒的分类方式）分类：可分为酱香型、浓香型、清香型、米香型、兼香型。

（5）按配餐方式及饮用方式分类：可分为开胃酒/餐前酒、佐餐酒、餐后酒、甜食酒。

（6）按制酒的原料分类：可分为粮食类酒，如啤酒、黄酒、清酒等；水果类酒，如葡萄酒、白兰地等；其他类，如红薯酒、特基拉酒、朗姆酒等。

三、酒的成分与风格

（一）酒的化学成分

酒的主要成分是乙醇（即酒精）和水，两者约占总量的 98% 以上。在酒中乙醇的含量决定了酒的度数，乙醇含量越高，酒的度数也就越高，酒性也就越强烈。乙醇与水，以 53% 浓度的乙醇与水分子结合得最紧密，因而 53 度的酒对人体的刺激性相对小。

除乙醇和水外，酒中还有许多其他物质，如总醇类、总醛类、总酯类、糖分、杂醇油、矿物质、微生物、酸类、酚类及氨基酸等。这些物质虽然在酒中所占比重甚小，但是对酒的质量以及风格影响很大，决定了酒与酒之间千差万别的口感。

（二）酒度

酒度即酒精浓度，是指乙醇在饮料中的含量，通常指在20℃时，饮料内酒精（乙醇）的含量。目前国际上酒度有三种表示法。

1. 标准酒度

法国著名化学家盖·吕萨克发明了标准酒度，故又称盖·吕萨克（Gay Lusaka，缩写为GL）酒度。标准酒度是指在温度20℃条件下，每100毫升酒液中含有的酒精量。它是用酒精体积分数表示酒度，易于理解，使用较广泛。我国酒度正是以此为标准的，例如在20℃条件下，某种酒含酒精53%，则该酒为53度。

2. 英制酒度

英制酒度是18世纪由英国人克拉克发明的表示法。

1标准酒度×1.75＝英制酒度

3. 美制酒度

美制酒度用酒精纯度（proof）表示。

1标准酒度＝2美制酒度

小知识

酒度与酒的酿制工艺之间的关系

1. 高度酒的酒度通常大于40度。高度酒一般是指蒸馏酒，因为蒸馏酒的酒度都偏高，例如白兰地、朗姆酒、茅台酒、五粮液等。

2. 中度酒的酒度在20~40度之间，一般各种配制酒的酒度均在这个范围内，如味美思、五加皮等。

3. 低度酒的酒度在20度以下。各种发酵酒的酒度均小于20度，这类酒的代表有黄酒、葡萄酒、清酒等。

（三）酒的风格

酒的风格包括四个方面，即酒的色、香、味、体。

1. 酒的颜色

人们对酒的第一感观认识。形成途径有三：酒的颜色一是来自酿酒原料的颜色；二是酒在生产过程中的自然生色；三是人工或非人工增色。

2. 酒的香气

酒的香气成分主要包括醇、醛、酮、酸、酯及芳香族化合物。此外还有某些胺类化合物和硫化物等成分。其中酯类物质决定了酒的主香味。

3. 酒的味道

人们惯常用酸、甜、苦、辣、咸五味来评价酒的口味。但除了以上几种口味外，还有经常与苦味并存的涩味，以及其他与众不同的独特气味。

4. 酒体

酒体并不是酒的风格。酒体是对酒品风格（色、香、味）的综合评价。评价酒体通常使用"酒体完美、精美醇良、优雅、甘温、较嫩、瘦弱、粗劣"等词语。

酒的风格是对酒品的色、香、味、体四方面的全面综合评价。每一种酒的风格应该是稳定一致的。同类酒中每个品种的风格均存在差别。名酒无一不是以上乘的质量和独特的风格赢得众人的喜爱。酒的风格品评一般会使用"突出、明显、不突出、不明显"等词语。

项目二　发酵酒

发酵酒（fermented alcoholic drink），亦称为酿造酒、原汁酒。发酵酒是把酵母加入含有糖分的液体中，进行发酵而产生的含酒精的饮料。它的特点是酒精含量低，一般都在20度以下，刺激性较弱。

发酵酒的主要酿造原料是谷物和水果。所以，发酵酒的主要品种有水果发酵酒（主要以葡萄酒为代表）和谷物发酵酒（以及啤酒、黄酒等）

一、葡萄酒

（一）葡萄酒的定义

葡萄酒是用新鲜的葡萄或葡萄汁经发酵酿成的酒精饮料。

（二）葡萄酒的分类

（1）按照颜色分类，可分为红葡萄酒、白葡萄酒、桃红葡萄酒。

（2）按照葡萄酒的含糖量分类，可分为干型葡萄酒、半干型葡萄酒、半甜型葡萄酒、甜型葡萄酒。详细情况见表3-1。

表3-1　按葡萄酒的含糖量分类

类别（中文）	类别（英文）	含糖量	口感
干型葡萄酒	dry wine	≤4g/L	尝不出甜味
半干型葡萄酒	semi-dry wine	4g/L~12g/L	能辨别出微弱的甜味
半甜型葡萄酒	semi-sweet wine	12g/L~50g/L	明显的甜味
甜型葡萄酒	sweet wine	≥50g/L	浓厚的甜味

（3）按照国际传统分类，可分为发泡葡萄酒、加汽葡萄酒、强化葡萄酒、加香葡萄酒。

①发泡葡萄酒：发泡葡萄酒所含的二氧化碳气体必须是由发酵所产生的。其瓶内气压在20℃条件下应大于0.3Mpa，法国香槟酒属于这一类。

②加汽葡萄酒：与发泡葡萄酒相似，但是所含的二氧化碳气体是人工加进葡萄酒内的。

③强化葡萄酒：在葡萄酒发酵之前或发酵中加入白兰地或中性酒精，以提高酒精度并抑制发酵，以留下葡萄汁的自然糖分。

④加香葡萄酒：向葡萄酒中加入果汁、药草、甜味剂等，有的还加入酒精，以强化酒精度。味美思就属于这类酒品。

（三）葡萄酒的酿造工艺

一般而言，葡萄酒的酿造工艺有如下过程：

筛选→破碎→去梗→榨汁→去杂质→低温浸皮→酒精发酵→乳酸发酵→陈酿→换桶→澄清→过滤→酒石酸稳定→装瓶

（1）筛选：去除未成熟的、腐烂的葡萄及葡萄叶等杂质。

（2）破碎：让葡萄皮与葡萄汁接触，使皮中的单宁、红色素和香味物质溶解到汁液中。

（3）去梗：葡萄梗中的单宁收敛性强，不够细腻，不完全成熟时带有青梗味，一定要全部或部分去除。

（4）榨汁：所有白葡萄酒都在发酵前进行榨汁，红葡萄酒在发酵后榨汁。有些不需要进行破碎、去梗的葡萄，筛选后可直接榨汁。

（5）去杂质：用沉淀的方式去除榨汁后的杂质；沉淀的过程须在低温条件下进行，以防止提前发酵。红葡萄酒因浸皮和发酵同时进行，所以不需要这一道工序。

（6）低温浸皮：此项工艺用于白葡萄酒的酿造，其作用在于增进白葡萄酒的水果香味，使酒的味道更加浓郁。有些红葡萄酒也采用此种方法酿造。

（7）酒精发酵：酵母利用葡萄汁中的糖分来产生酒精。发酵温度为10℃～32℃，温度过高或低都会影响甚至终止发酵。酒精发酵的副产品为甘油、酯类物质。

（8）乳酸发酵：第二年春天，当温度达到25℃左右时，酒中的苹果酸会转化为乳酸，经此过程后，酒中的酸度降低，葡萄酒的特性会更稳定。但并不是所有葡萄酒都需要这个步骤。比如一些适合年轻人饮用的白葡萄酒就要保持高酸度。

（9）陈酿：高级葡萄酒都需要经过橡木桶的陈酿。经过橡木桶中陈酿的葡萄酒的主要变化有两个方面：①适度氧化，使得酒的结构更稳定；②酒体会吸收橡木桶的香气。陈酿的工序使得葡萄酒的酒体更为丰满、香醇。

（10）换桶：在陈酿的过程中，每隔几个月就要换一次桶，以去除葡萄酒中的沉淀物。

（11）澄清：本工序是对在酒液中呈悬浮状态的物质，如酵母、细菌、凝聚的蛋白质、细碎的葡萄果肉、酒石酸的钾盐、钙盐等杂质进行澄清。常用的澄清剂有蛋白、明胶等。

（12）过滤：此工序使得葡萄酒变得稳定、清澈。

（13）酒石酸稳定：葡萄酒中的酒石酸遇冷会形成酒石酸盐结晶，虽然这类结晶不影响酒的品质，但是会影响酒体的美观度。因此有部分厂家会将葡萄酒降温至零下40℃，以去除酒石酸。

（14）装瓶。

（四）葡萄酒的存储

葡萄酒的存储条件：

（1）温度：需要满足温度恒定和一致性。

（2）湿度：相对湿度在65%为长久储藏葡萄酒的绝佳环境。

（3）摆放：酒瓶应始终保持平直（横着）摆放。

（4）光度：避免阳光、照明灯光直射。

（5）通风：保持空气流通，勿与有特殊气味的物品并存。

（6）避震：震动会使酒液浑浊。尽量避免过于频繁地搬动葡萄酒。

二、啤酒

（一）啤酒的概念

啤酒以大麦为主要原料，加入啤酒花制成的带有泡沫和特殊香味的、味道微苦的低酒精含量的饮料。酿造啤酒的原料主要为四类：水、可发酵的谷物、酵母和啤酒花。水是啤酒的血液、麦芽是啤酒的核心，啤酒花则是啤酒的灵魂。

（二）啤酒的分类

1. 按照发酵工艺分类

（1）上面发酵（顶部发酵）啤酒：酿造啤酒采用上面酵母发酵。发酵过程中，酵母随 CO_2 浮到发酵液面上，发酵温度15℃～20℃。这类啤酒的香味突出。常见的如爱尔、司都特、波特、威特。

（2）下面发酵（底部发酵）啤酒：酿造啤酒采用下面酵母发酵。发酵完毕，酵母凝聚沉淀到发酵容器底部，发酵温度5℃～10℃，这类啤酒的香味柔和。世界上绝大部分国家采用下面酵母发酵啤酒。常见的有拉戈啤酒、鲍克啤酒、青岛啤酒、五星啤酒等。

2. 按照啤酒颜色分类

（1）深色啤酒：黑啤酒、棕啤酒。

（2）淡色啤酒：黄啤酒、白啤酒（色泽比金黄色啤酒颜色更淡些）。

3. 按照是否经过杀菌分类

（1）生啤酒：又称为鲜啤酒，是指未经过巴氏杀菌直接入桶密封的啤酒，饮用时需要经过生啤机加工。这种啤酒味道鲜美，营养价值较高，但容易变质，保质期7天左右，适合就地销售。

（2）熟啤酒：包装后经过巴氏杀菌的啤酒均称为熟啤酒。巴氏杀菌可以杀灭酒液中的微生物，防止酵母菌继续发酵以及其他有害微生物的繁殖。熟啤酒的保持期长达6个月，适合远销。

4. 按酒精浓度分类

（1）低醇啤酒：酒精含量少于2.5%的啤酒为低醇啤酒。低醇啤酒含有多种微量元素，具有很高的营养成分。

（2）无醇啤酒：又名脱醇啤酒，是指酒精度小于 0.5%，原麦汁浓度大于或等于 3.0°P的啤酒。无醇啤酒的酒精量远低于普通啤酒。

（三）啤酒的酿造工艺

啤酒酿造工艺过程为：麦芽制造→麦芽汁制造→发酵→过滤灭菌→装瓶。

1. 麦芽制造

选择优质的大麦，将其放到水里浸泡 2~3 天，之后放置于发芽室进行发芽，得到绿麦芽。将绿麦芽烘干脱水、备用。

2. 麦芽汁制造

将干麦芽磨碎，加温水磨制成麦芽浆。作为谷物类原料，一般都是需要进行糖化的。在适宜的温度下，利用麦芽本身的酶化剂进行糖化。糖化之后经过滤，得到澄清的、有甜味的麦芽汁。在麦芽汁中加入啤酒花，然后加热煮沸，使得啤酒花的苦味和香味融入麦芽中去。

3. 发酵

在冷却的麦芽汁中加入酵母发酵。经过大约 8~10 天的发酵周期，麦芽汁中的糖在酵母的作用下，转化为酒精和二氧化碳，这个过程被称为主发酵。此时啤酒是十分生涩的。将生涩的啤酒放入调酒罐中静置 2 个月。发酵中所产生的二氧化碳会逐渐溶解到酒液当中，而悬浮在酒液当中的物质也慢慢沉淀，啤酒开始变得成熟，酒液变得澄清。此过程被称为后发酵。

4. 过滤灭菌

发酵成熟后的啤酒，经过过滤去除杂质后，得到澄清的啤酒，此时为生啤酒。把啤酒经过巴氏灭菌法进行灭菌后灌入经过消毒的酒瓶中，经过灭菌的啤酒称为熟啤酒。此时的啤酒就耐储存了。

5. 装瓶

经过过滤灭菌的啤酒，完成检测就可以进行包装销售了。灌装是啤酒生产的最后一道工序，对啤酒的质量和啤酒的商品外观形象有直接影响。灌装后的啤酒应符合卫生标准，尽量减少 CO_2 损失和减少封入容器内的空气。啤酒的包装形式通常有三种：罐装、瓶装、桶装。

小知识

巴氏灭菌法

巴氏灭菌法（pasteurization），亦称低温消毒法，冷杀菌法，来源于法国生物学家路易·巴斯德（Louis Pasteur）解决啤酒变酸问题的尝试。它是一种利用较低的温度既可杀死病菌又能保持食品中营养物质风味不变的消毒法，常常被广泛地用于杀灭各种病原菌。

三、黄酒

（一）黄酒的定义

黄酒，就是以粮食为主要原料，通过特定的加工过程，在酒药、曲（麦曲、红曲）和浆水（浸米水）等不同种类的霉菌、酵母和细菌共同作用下，经过糖化和发酵酿制的一种低度酒。

（二）黄酒的分类

黄酒的分类方式有很多种，按照原料和酒曲或者说是地域划分，可以将黄酒划分为：

1. 麦曲稻米黄酒（南方黄酒）

以糯米、粳米酿造，以小曲和麦曲为糖化发酵剂，多产于浙江省绍兴地区，也称南方黄酒。由于原料配比、工艺操作、酿酒时间等方面不同，形成不同风格的酒品。著名的有元红酒、加饭酒、花雕酒、香雪酒等。

2. 红曲稻米黄酒（福建黄酒）

以糯米、大米为主要原料，用红曲和白曲为主要的糖化发酵剂，多产于福州和龙州。虽然浙江、台湾等地也有类似的酒品，但此类黄酒仍被称作"福建黄酒"。其酒液色泽褐红鲜艳。著名酒品有沉缸酒、乌衣红曲黄酒等。

3. 北方黍米黄酒（北方黄酒）

用黍米（俗称黏黄米、糯黄米或糯小米）酿制，酒色呈深棕色，清凉透明，有突出的焦糜香，饮后回味悠长。主要以山东即墨老酒、山西黄酒为代表品种。

4. 大米清酒

以粳米为原料，米曲为糖化剂，酵母味发酵剂酿造，酒色淡黄透明，具有清酒特有的清香。以吉林清酒、即墨特级清酒为代表，如杏花村清酒。

（三）黄酒的饮用方法

（1）温酒饮用：这是传统的饮用方式。选用陶瓷酒杯或小型玻璃酒杯盛载，冬天最好是隔水温酒之后饮用，夏天则常温饮用。

（2）时尚的饮用方式：在黄酒中加入话梅饮用。

（3）其他方式：作为烹饪调味原料使用，来增加菜肴的风味。

小知识

为什么发酵酒的酒度一般比较低呢？

发酵酒酒度低有两方面原因：一是发酵过程中酒度达到13~15度的时候，酒液当中的乙醇可以抑制酵母的活动，最终终止发酵。二是酒度由发酵原料的含糖量决定。葡萄酒12度，啤酒4度，原因是参与发酵的糖分少，转化出来的酒精也少，当糖分耗尽的时候，发酵就终止了。

项目三　蒸馏酒

蒸馏酒是指以糖或淀粉为原料，经糖化、发酵、蒸馏而成的酒。蒸馏酒酒精浓度常在

40%以上，因酒精含量较高，故被称为烈酒。世界上蒸馏酒的品种著名的有白兰地、威士忌、金酒、朗姆酒、伏特加酒、特基拉酒、中国白酒等。

一、白兰地（Brandy）

（一）白兰地的定义

白兰地是英文 Brandy 的音译，意思是"生命之水"和"葡萄酒的灵魂"。白兰地是主要以水果为原料，经过发酵、蒸馏、陈酿、调配而酿造成的蒸馏酒。

我们通常所说的白兰地专指以葡萄为原料，经过发酵蒸馏制成的酒。而其他通过同样方法制成的酒，会在"白兰地"酒名称前加上水果原料的名称。如以苹果为原料酿造的白兰地，称之为"苹果白兰地"。

（二）白兰地的特点和分类

成熟的白兰地，酒质醇和，芳香浓郁，透明清亮，色泽高雅。这主要是因为白兰地经历了用橡木桶陈酿的重要环节。橡木桶对白兰地有微妙的"交换作用"，使本来没有颜色的酒，神奇地变成橡木桶的琥珀色，而且增添了白兰地特有的香气。

白兰地酒的分类方法很多，最具代表性的分类方法是依照生产地和国家，将白兰地酒分为法国白兰地、西班牙白兰地和美国白兰地以及其他国家白兰地等几个大类。其中以法国白兰地酒最为著名。

1. 法国白兰地（French Brandy）

法国白兰地无论在品质与产量方面，都是世界第一，尤其是法国干邑地区所产的白兰地。法国白兰地的著名产区为干邑地区，次之为干邑南部的雅邑地区。此外，在法国还有蒙彼利埃、内末尔、可伦巴、圣·爱米里翁等地也酿造白兰地，并各自具有独特的风格与香味，这些地方所酿造的白兰地，统称为法国白兰地。

2. 西班牙白兰地（Spanish Brandy）

西班牙白兰地位居第二。有些西班牙白兰地是用雪利酒蒸馏而成的。目前西班牙白兰地多用西班牙各地产的葡萄酒蒸馏混合而成。这类酒味较甜且带土壤味。

3. 美国白兰地（American Brandy）

美国白兰地大部分产自加利福尼亚州，它是以加利福尼亚州产的葡萄为原料，发酵蒸馏至85Proof，储存在白色橡木桶中至少两年，有的加焦糖调色。

4. 其他国家白兰地

葡萄牙、秘鲁、德国、希腊、澳大利亚、南非、以色列和意大利以及日本都生产白兰地。我国烟台张裕公司产的金奖白兰地也属于优质白兰地。

（三）法国白兰地的等级划分

法国政府为了确保干邑白兰地的品质，对白兰地，特别是干邑地区产的白兰地的等级有着严格的规定。该规定是以干邑白兰地原酒的酿藏年数来设定标准，并以此为干邑白兰地划分等级的依据。具体如下：

1. V.S. (Very Superior)

V.S.又叫三星白兰地，属于普通型白兰地。法国政府规定，干邑地区生产的最年轻的白兰地只需要18个月的酒龄。但厂商为保证酒的质量，规定在橡木桶中必须储藏2年半以上。

2. V.S.O.P. (Very Superior Old Pale)

属于中档干邑白兰地，享有这种标志的干邑至少需要储藏4年半。然而，许多酿造厂商在装瓶勾兑时，为提高酒的品质，适当加入了一定量的10~15年的陈酿干邑白兰地原酒。

3. Luxury Cognac 精品干邑

法国干邑地区多数大作坊的生产质量卓越的白兰地，被称为精品干邑。这些名品有其特别的名称，如：人头马V.S.O.P.、拿破仑X.O.、马爹利蓝带干邑白兰地，等等。依据法国政府规定此类干邑白兰地原酒在橡木桶中必须储藏6年半以上，才能装瓶销售。

法国白兰地的标签和代表性品牌如表3-2、表3-3所示：

表3-2　法国白兰地的标签

序号	标识	表示意义
1	★	3年陈，储藏期不少于2年
2	★★	4年陈
3	★★★	5年陈
4	V.O.	多年陈酿
5	V.S.O.D.	精制多年深色陈酿
6	V.S.O.P	精制多年浅色陈酿，一般至少储藏4.5年
7	F.O.V	30~50年陈
8	X.O.	未知龄
9	E	excellent，优良
10	O	old，老陈
11	P	pale，浅色、清澈的，指未加焦糖色
12	S	superior，优越的，或soft即柔顺的
13	V	very，很好
14	X	extra，格外的，特高档的
15	C	cognac，干邑
16	F	fine，好的、精美的

注：这些标记的含义并不是很严格，不仅所代表的酒龄没有严格的确定，相同的标记在不同的地区和厂家所代表的确切意义也不尽相同。

表 3-3 白兰地酒的代表性品牌

序号	品名	简介	图示
1	人头马 V.S.O.P	干邑白兰地； 酒精浓度40%； 容量700毫升； 超过280年酿造历史的白兰地品牌	
2	拿破仑 XO	干邑白兰地； 酒精浓度40%； 容量700毫升； 以法国人心目中的英雄"拿破仑"命名	
4	马爹利蓝带干邑白兰地	干邑白兰地； 酒精浓度40%； 容量700毫升； 拥有紫丁香般华丽的香味	
5	轩尼诗 V.S	干邑白兰地； 酒精浓度40%； 容量700毫升； 因讲究细节而闻名于世	

二、威士忌（Whisky/Whiskey）

（一）威士忌的定义

威士忌其名源自英文"Whiskey"的音译，是用大麦、黑麦、玉米等谷物为原料，麦芽作糖化剂，经糖化、发酵、蒸馏，最后在橡木桶中进行陈酿老熟，酒精含量在40%~43%vol之间的酒精饮料。

（二）威士忌的特点和分类

世界上许多国家和地区都有生产威士忌的酒厂，最著名且最代表性的威士忌分别是苏格兰威士忌、爱尔兰威士忌、美国威士忌和加拿大威士忌。不同产地的威士忌有着各自独特的风味特点。

1. 苏格兰威士忌（Scotch Whisky）

苏格兰威士忌主要原料是大麦芽，用特有的泥炭烘烤。苏格兰威士忌酒体呈琥珀色，晶莹剔透，带有浓烈的烟熏味。苏格兰威士忌分三大类：麦芽威士忌（Malt Whisky）、谷物威士忌（Grain Whisky）、混合威士忌（Blended Whisky）。

主要品牌有：①顺风（Cutty Sark）；②珍宝（J.&B.）；③金铃（Bells）；④百龄坛（Ballantine）；⑤芝华士（Chivas Regal）；⑥皇家礼炮（Royal Salute）；⑦老伯威（Old Parr）；⑧白马（White Horse）。

2. 爱尔兰威士忌（Irish Whiskey）

爱尔兰威士忌以大麦、小麦、燕麦或黑麦生产而成。爱尔兰威士忌的特点是酒香较浓，具有明显的辣味，无烟熏味。

主要品牌有：尊占醇（John Jameson）、吉姆逊父子（John Jameson & Son）

3. 美国波本威士忌（Bourbon Whiskey）

美国波本威士忌原产于美国波本县（Bourbon），以玉米≥51%、大麦、黑麦为原料，新白橡木桶陈年。美国波本威士忌特点：酒体棕红，微甜，有独特的橡木香。

著名品牌有：①詹宾（Jim Beam）；②杰克·丹尼尔斯（Jack Daniels）；③四玫瑰（Four Rose）。

4. 加拿大威士忌（Canadian Whisky）

加拿大威士忌以黑麦为主，加其他谷物酿制而成，故又称黑麦威士忌（Rye Whisky）。其特点在于口感清淡柔和，适合北美人士饮用。

著名品牌有：①加拿大俱乐部（Canadian Club）；②士鉴特（Seagram's V.O.）。

威士忌酒的代表品牌如表3-4所示。

表3-4　威士忌酒的代表性品牌

序号	品名	简介	图示
1	芝华士18年威士忌	酒精浓度40%； 容量700毫升； 口感醇厚，层次丰富，馥郁优雅	

表3-4(续)

序号	品名	简介	图示
2	麦卡伦12年苏格兰单一麦芽威士忌	酒精浓度40%； 容量700毫升； 从自制的雪莉酒桶里酿制出世界公认的劳斯莱斯级威士忌	
3	尊尼获加黑方威士忌	酒精浓度40%； 容量700毫升； 苏格兰威士忌，采用四十种优质威士忌调配而成，储藏最少十二年； 口感芬芳醇和	
4	尊美醇威士忌	酒精浓度40%； 容量700毫升； 清爽型爱尔兰威士忌	

表3-4(续)

序号	品名	简介	图示
5	波本威士忌（白占边）	酒精浓度40%； 容量700毫升； 全美排名第一，全球最受欢迎的占边波本威士忌，口味强烈而独特	
6	杰克丹尼（黑标）	酒精浓度40%； 容量700毫升； 美国田纳西州代表品牌	
7	加拿大俱乐部威士忌	酒精浓度40%； 容量700毫升； 清新的加拿大威士忌	

三、伏特加（Vodka）

（一）伏特加的定义

伏特加意为"生命之水"，约14世纪开始成为俄罗斯传统饮用的蒸馏酒。

伏特加酒以谷物或马铃薯为原料，采用重复蒸馏、精炼过滤的工艺，去除了酒精中的杂质，是高酒精浓度的酒精饮料，酒精浓度一般在40%~50%vol之间。

（二）伏特加的特点和分类

因伏特加酒在生产过程中经过活性炭过滤，故酒质更加晶莹澄澈、无色、清淡爽口，口感不甜、不苦、不涩，只有烈焰般的刺激，形成伏特加酒独具一格的特色。因此，在各种调制鸡尾酒的基酒之中，伏特加酒是最具有灵活性、适应性和变通性的一种酒。

1. 俄罗斯伏特加

俄罗斯伏特加最初用大麦为原料，之后逐渐改用含淀粉的马铃薯和玉米，制造酒醪和蒸馏原酒并无特殊之处，只是过滤时将精馏而得的原酒注入白桦活性炭过滤槽中，经缓慢的过滤程序，使精馏液与活性炭分子充分接触而净化，将所有原酒中所含的油类、酸类、醛类、酯类及其他微量元素除去，便得到非常纯净的伏特加。俄罗斯伏特加酒液透明，除酒香外，几乎没有其他香味，劲大冲鼻，火一般地刺激。

著名品牌有苏托力、思美洛等。

2. 波兰伏特加

波兰伏特加的酿造工艺与俄罗斯相似，区别只是波兰人在酿造过程中，加入了草卉、植物果实等调香原料，所以波兰伏特加比俄罗斯伏特加酒体丰富，更富韵味。

著名品牌有维波罗瓦、雪树等。

3. 其他国家伏特加

俄罗斯是生产伏特加酒的主要国家，但德国、芬兰、波兰、美国、日本等国也都能酿制优质的伏特加酒。特别是在第二次世界大战开始时，由于俄罗斯制造伏特加酒的技术传到了美国，使美国也一跃成为生产伏特加酒的大国之一。

表 3-5 列举了伏特加酒的代表性品牌：

表 3-5　伏特加酒的代表性品牌

序号	品名	简介	图示
1	绝对伏特加	瑞典白金级伏特加； 酒精浓度 40%； 容量 750 毫升； 有多种口味可选，比如柠檬、黑加仑、薄荷等	
2	深蓝伏特加	酒精浓度 40%； 容量 750 毫升； 色泽清透，口味干爽	

表3-5（续）

序号	品名	简介	图示
3	雪树伏特加	原产地波兰，高端伏特加品牌； 酒精浓度40%； 容量750毫升； 口感柔和、清爽、回味持久	
4	苏联红牌	俄罗斯产； 酒精浓度40%； 容量750毫升； 色泽清透，味道滑润，有胡椒味	
5	96度伏特加	原产地波兰，原名为Spirytus； 酒度96度； 世界上度数最高、最烈的酒	

四、朗姆酒（Rum）

（一）朗姆酒的定义

朗姆酒是一种以甘蔗为主要原料，经过发酵、蒸馏、陈酿而生产的蒸馏酒。朗姆酒的名称源于西印度群岛词汇 Rumbullion，词首 Rum 有"大声喧哗，极度嚣张"之意；而在加勒比海地区，朗姆酒有"海盗之酒"的绰号，因而"Rum"恰如其分地表达了朗姆酒的特点，它代表了冒险和富有激情的浪漫。

（二）朗姆酒的特点和分类

一般情况下朗姆酒按颜色可以分为三类，即银朗姆、金朗姆和黑朗姆。

1. 银朗姆（Silver Rum）

银朗姆又称白朗姆，是指蒸馏后的酒需经活性炭过滤后入桶陈酿一年以上。该酒酒味较干，香味不浓。

2. 金朗姆（Gold Rum）

金朗姆又称琥珀朗姆，是指蒸馏后的酒需存入内侧灼焦的旧橡木桶中至少陈酿三年。该酒酒色较深，酒味略甜，香味较浓。

3. 黑朗姆（Dark Rum）

黑朗姆又称红朗姆，是指在生产过程中需加入一定的香料汁液或焦糖调色剂的朗姆酒。该酒酒色较浓（深褐色或棕红色），酒味芳醇。

表 3-6 列举了朗姆酒的代表性品牌：

表 3-6 朗姆酒的代表性品牌

序号	品名	简介	图示
1	百加得陈酿（白标）（Bacardi）	酒精浓度 40%；容量 750 毫升；以象征幸运的蝙蝠为商标，号称是"全球第一"的朗姆酒	
2	摩根船长朗姆酒（Captain Morgan）	酒精浓度 40%；容量 750 毫升；施格兰公司首创，2001 年帝亚吉欧集团将摩根船长朗姆酒收购，新寓意为"向美好的生活，美妙的爱情和激越的奋斗致敬！"	
3	伯爵夫人朗姆酒（Contessa）	酒精浓度 40%；包装规格有 750 毫升、700 毫升、375 毫升和 180 毫升；印度的品牌，2008 年，在布鲁塞尔世界食品品质评鉴大会上获奖	
4	老波特朗姆酒（Old Port Rum）	酒精度 40%；容量 750 毫升；代表了印度朗姆酒的传统风格，陈酿期在 15 年以上。它的颜色很深，散发出樱桃、核果、奶油糖果和橡木的淡雅香气，口感顺滑	

表3-6（续）

序号	品名	简介	图示
5	哈瓦那俱乐部陈年朗姆酒（Havana Club）	酒精浓度40%； 容量750毫升； 传承百年的佳酿，古巴朗姆酒的代表	

五、金酒（Gin）

（一）金酒的定义

金酒，又名杜松子酒或琴酒，最先由荷兰生产，在英国大量生产后闻名于世，是世界第一大类的烈酒。金酒是以大麦芽与稞麦等为主要原料，配以杜松子莓为调香材料，经过发酵、蒸馏、陈酿、勾兑、装瓶而成的一种酒。

（二）金酒的特点和分类

金酒的独特香味因各生产商的配方而异。其品牌甚多，按口味风格可分类如下：

（1）辣味金酒（干金酒）：质地较淡、清凉爽口，略带辣味。

（2）老汤姆金酒（加甜金酒）：在辣味金酒中加入2%的糖，使其带有怡人的甜辣味。

（3）荷兰金酒：除了具有浓烈的杜松子气味外，还具有麦芽的芬芳。

（4）果味金酒：在干金酒中加入了成熟的水果和香料，如柑桔金酒，柠檬金酒、姜汁金酒等。

表3-7列举了金酒的代表性品牌。

表3-7　金酒的代表性品牌

序号	品名	简介	图示
1	庞贝蓝钻特级金酒	钻石级的伦敦干金酒； 酒精浓度47%； 容量700毫升； 反复蒸馏、香气浓郁	

表3-7（续）

序号	品名	简介	图示
2	必富达金酒	酒精浓度47%； 容量700毫升； 杜松子味道强烈，气味奇异清香，有着"鸡尾酒的心脏"称号	
3	哥顿金酒	酒精浓度40%； 容量700毫升； 口感滑润，酒味芳香，是世界上最畅销的品牌	
4	添加利金酒	酒精浓度47.3%； 容量750毫升； 金酒中的极品名酿，深厚甘洌，具有独特的杜松子及其他香草配料的香味	

六、龙舌兰酒（Tequila）

（一）龙舌兰酒的定义

龙舌兰酒是以龙舌兰的植物鳞茎为原料，经过蒸煮、挤压，发酵、蒸馏、活性炭过滤而成的一种高浓度的蒸馏酒。

特基拉酒是龙舌兰酒的一种。正如香槟地区生产的气泡酒才叫作香槟，非指定产区酿制的龙舌兰酒就不能称之为 Tequila，只能叫作 Mezcal（麦斯卡尔酒）。墨西哥人甚至把这一点写到法律里，让法律来保护它。Tequila 这个名称，除了表明产地之外，它还是品质的象征。特基拉酒可以细分为很多不一样的品种。其中最优质的是蓝色龙舌兰，以此为原料酿成的酒，才配得上 Tequila 这个名字。龙舌兰酒是墨西哥的国酒，被称为墨西哥的灵魂。

（二）龙舌兰酒的特点和分类

龙舌兰酒的分类相对比较简单，只是依照颜色不同而划分为金色龙舌兰酒和银色龙舌兰酒，但对于品质和名气都非比寻常的特基拉酒来说，其等级划分就要复杂得多了。

按照墨西哥官方的规定，特基拉酒通常可分为：

1. 银色龙舌兰（Blanco 或 Plata）

"Blanco"是西班牙语"白色"的意思，而"Plata"则是"银色"的意思。这种品级的酒是没有经过陈年处理的透明新酒，口感比较辛辣，带有明显的不够成熟的植物气味。

2. 金色龙舌兰（Jovenabocado）

"Jovenabocado"是西班牙语"年轻而爽口"的意思，也叫作"Oro"（金色的）。金色龙舌兰的颜色并不是经过陈年后得到的，而是通过调色制成的。

3. 香醇龙舌兰（Reposado）

"Reposado"是西班牙语"休息过的"的意思，这种酒的陈年期不超过一年，口味较之前两种要醇厚很多，酒色也是经橡木桶着色自然生成的，是目前世界上销售最广泛的特基拉酒。

4. 陈酿龙舌兰（Anejo）

Anejo 是西班牙语"陈年的"意思，是指在橡木桶陈化超过一年以上的酒。这种品级的酒政府管理更加严格，必须是在容量不超过 350 升的橡木桶贮存，装桶后由政府监管人员亲自贴上封条，以最大限度地保证其质量。对于特基拉酒来说，陈化期超过四五年已属罕见，因为长时间的陈化会造成酒液大量挥发，而极少的经过 8 年乃至 10 年陈化保存下来的酒则被视为酒中极品。

表 3-8 列举了龙舌兰酒的代表性品牌。

表 3-8　龙舌兰酒的代表性品牌

序号	品名	简介	图示
1	豪帅金快活龙舌兰酒	酒精浓度 40%； 容量 750 毫升； 在橡木桶中熟成的高级龙舌兰酒	
2	懒虫白色龙舌兰酒	酒精浓度 35%； 容量 750 毫升； 产自墨西哥特基拉	

表3-8（续）

序号	品名	简介	图示
3	白金武士龙舌兰	酒精浓度40%； 容量700毫升； 口味突出，刚劲独特	
4	奥美嘉金龙舌兰	酒精浓度38%； 容量700毫升； 有新鲜的香气与纯净的风味	
5	雷博士金龙舌兰	酒精浓度40%； 容量750毫升； 香气独特，口味浓烈	

七、中国白酒

（一）中国白酒的定义

中国白酒历史悠久，品种繁多，与白兰地、威士忌、伏特加、朗姆酒、金酒、龙舌兰酒齐名，被称为世界七大蒸馏酒之一。由于其工艺独特，酒质别具一格，因而在世界酒海中久负盛誉。

中国白酒是以淀粉含量高的谷物、薯类为原料，在酿酒工艺中加入一定的稻壳、谷壳等辅料，通过酒母或酒曲发酵，经由蒸馏、陈酿等工艺生产而成的酒水。因酒水无色，故被称为"白酒"，酒度在38°~60°之间。各种白酒的制曲方法不同，发酵、蒸馏的次数不同和勾兑技术的不同而形成了不同风格的中国白酒。在谈到中国白酒的时候，常常习惯将其按照地域来进行划分，人们对白酒的品牌和文化认知也常常带有强烈的地域属性。

（二）中国白酒的特点和分类

中国白酒通常按香型可分为清香型、浓香型、酱香型、米香型和兼香型等。

1. 清香型白酒

清香型白酒以山西杏花村汾酒为代表，具有清香芬芳、甘润爽口、酒味纯净的特点。

2. 浓香型白酒

浓香型白酒以四川泸州老窖和宜宾五粮液酒为代表，具有芳香浓郁、甘绵适口、回味悠长的特点。

3. 酱香型白酒

酱香型白酒以茅台酒为代表，其主要特点为口感柔润，晶亮透明，微有黄色，酱香突出，令人陶醉。饮后空杯，留香更大，持久不散。口味幽雅细腻，酒体丰满醇厚，回味悠长，酒香不绝。茅台酒液纯净透明、醇馥幽郁。这类白酒发酵工艺最为复杂，所用的大曲多为超高温酒曲。

4. 米香型白酒

桂林三花酒、长乐烧小米曲酒都属米香型酒，其特点是米香清雅，入口柔绵，落口甘洌，回味怡畅。"米香"是一种米酿香，不是米饭香。

5. 兼香型白酒

兼香型白酒又称复香型、混合型，是指具有两种以上主体香的白酒，具有一酒多香的风格。这类酒有自己独特的生产工艺。其代表品牌有白沙液、郎酒 1912、口子窖、西凤酒、太白酒、白云边酒等。

小知识

蒸馏酒的生产工艺

蒸馏酒的生产工艺主要可分为以下四个步骤：发酵→蒸馏→陈化→勾兑。

1. 发酵

发酵是酿酒过程中最重要的一步，其关键在于将酿酒原料中的淀粉糖化、继而酒化的过程。

2. 蒸馏

蒸馏是利用了酒精的气化温度为 78.3℃的物理特性，将发酵后的原液加热，获得酒精气体后，将之冷却为液体酒精的方法，可以将原汁酒的酒精含量一次性提高 3 倍。

3. 陈化

陈化对最终酒品的形成非常关键。通常将酒液存储在木桶或窖池中静置一段时间，以促进酒液的成熟，从而得到有着更完美香气和品质的酒液。但是有少数酒不需要陈化，如金酒、伏特加等。

4. 勾兑

勾兑是将不同酒龄、不同品种特点的酒在装瓶前去除杂质、协调香味、平衡酒体，让其保持特有风格的一项专业技术。酒的最终风格的形成有赖于此项工艺。

项目四　配制酒

配制酒又称为浸制酒、再制酒，是以发酵酒、蒸馏酒或食用酒精为基酒，配以其他原料（香草、香料、果实、药材等），经勾兑、浸制、混合等特定的工艺手法调制成的酒。酒度一般在 22 度左右，不超过 40 度。

在过去的几个世纪中，配制酒在民间被当作药剂来使用。配制酒的品种繁多，风格各有不同，划分类别比较困难，较流行的分类法是将配制酒分为四大类：开胃类配置酒、佐甜食类配置酒、餐后用配制酒、中国配制酒。

一、开胃类配置酒（aperitif）

（一）开胃类配置酒的定义

开胃类配置酒也称餐前酒，是为了增加食欲而在餐前饮用的酒。

随着饮酒习惯的演变，开胃类配置酒逐渐被专指为以葡萄酒和某些蒸馏酒为主要原料的配制酒。

（二）开胃类配置酒的特点和分类

开胃类配置酒主要有三种类型味美思（Vermouth）、比特酒（bitter）、茴香酒（anise）。

1. 味美思

"vermouth"可能是从古德语"wermut"演变过来的，指一种叫苦艾的植物。味美思是以葡萄酒为酒基，加入植物、药材等物质浸制而成，酒度在18度左右。它的香味来自多种香料：一些草本植物、根须植物、种子、花卉、皮果等。例如，苦艾草、大茴香、苦橘皮、菊花、小豆蔻、肉桂、白术、白菊、花椒根、大黄、龙胆、香草等，经过搅拌、浸泡、冷却、澄清后装瓶。最好的味美思来自法国和意大利。

从颜色上分类，味美思可以分为白味美思和红味美思。白味美思含糖比例在10%～15%，色泽金黄。红味美思需加入焦糖调色，其含糖比例为15%，色泽为琥珀黄色。

从含糖比例来看，味美思有特干、干、甜三种类型。

常用的味美思品牌有意大利的仙山露（Cinzano）、马天尼（Martini），法国的诺瓦丽（Noilly）三大品牌。

2. 比特酒

比特酒由古药酒演变而来，用葡萄酒或某些蒸馏酒作为基酒，加入植物根茎和药材配制而成。酒精度在16～45度。味道苦涩、药香气浓、助消化，具药用滋补及兴奋功效。法国产的比特酒最为著名。

比特酒可以分为清香型和浓香型两类。常用的品牌有产自南美洲的安哥斯杜拉（Angostura），产自意大利的金巴利（Campari）、西娜尔（Cynar），产自法国的杜本内（Dobonnet）、苏滋（Suze）、亚玛·匹康（Amer Picon）。

3. 茴香酒

茴香酒是从茴香中提取茴香油，与食用酒精或蒸馏酒配制而成的酒。其特点光泽度好，茴香馥郁，味重刺激，酒度在25度左右，有无色与染色之分。法国产的茴香酒较为著名。

常用品牌有法国产的Ricard（译为"理察"或"里卡尔"）、Pernol（译为"培诺"或"潘诺"），西班牙产的Ouzo（译为"奥作"或"乌朱"或"吾尊"）、意大利产的Americano（译作"亚美利加诺"）。

二、佐甜食类配置酒（dessert wine）

（一）佐甜食类配置酒的定义

佐甜食类配置酒可以简称为甜食酒，又称餐后甜酒，是佐助西餐的最后一道食物——餐后甜点时饮用的酒品。佐甜食类配置酒通常以葡萄酒作为酒基，加入食用酒精或白兰地以增加酒精含量，故又称为强化葡萄酒，口味较甜。

（二）佐甜食类配置酒的特点和分类

甜食酒常见的有波特酒、雪莉酒、玛德拉酒和马萨拉酒等。

1. 波特酒（Port）

波特酒是典型的甜葡萄酒，酒味浓郁芬芳，酒香和果香协调，在世界上享有很高的声誉，是葡萄牙的国酒。酿造波特酒时，在发酵过程中加入了高酒精度的白兰地，因而在保证高糖度的同时，酒度提升到了15～20度。波特酒也以陈化时间长为佳，通常在商标纸上标有陈化年份。较有名的牌子有：道斯（Dow's）、泰勒（Taylor's）、西法（Silva）、方斯卡（Fonseca 或译作"方瑟卡"）、桑德曼（Sandeman）。

2. 雪莉酒（Sherry）

雪莉酒产于西班牙加的斯省，是西班牙的国酒。雪莉酒是该酒的英文名称，这类酒在西班牙被称呼为加的斯（Jerez）。一般情况下雪莉酒可以分为干型的菲诺类（Fino）雪莉酒和芳香型的奥鲁罗索类（Oloroso）雪莉酒。菲诺类雪莉酒可以搭配小吃和汤。奥鲁罗索类雪莉酒是最好的餐后甜酒。名品有潘马丁（Pemartin）、布里斯托（Bristol）等。菲诺类雪莉酒可以在喝汤时饮用，也可以当作开胃酒，奥鲁罗索类雪莉酒是最好的餐后甜酒。雪莉酒在饮用前一般需要冰镇。

3. 玛德拉酒（Madeira）

玛德拉酒，出产于大西洋上西班牙属地玛德拉岛。玛德拉葡萄酒多为棕黄色，酒精度在16～18度之间，属于干型白葡萄酒。玛德拉酒有舍赛尔（Sercial）、韦尔德罗（Verdelho）、布阿尔（Bual）和玛尔姆赛（Malmsey）四类。前两类多用作开胃酒和佐餐，后两类是很好的甜食酒。著名品牌有甘霖（Rain Water）、南部（South Side）、法兰加（Franca）等。

三、餐后配置酒（liqueur）

餐后配置酒主要是指利口酒。

（一）利口酒的起源与特点

利口酒由英文 liqueur 译音而得名，又译为"力娇酒"。目前市场上，liqueur 一般指的是欧洲国家出产的利口酒，而美国产的利口酒则被称为 cordial。利口酒含糖量高，相对密度大，色彩艳丽丰富，气味芬芳，一般用作给鸡尾酒调色增香，或用来制作冰激凌、布丁等甜点，可以在餐后饮用利口酒通常是以蒸馏酒为基酒，加入果汁、调香物品或香料植物，经过蒸馏、浸泡、熬煮等过程，再经过甜化处理而制成。

（二）利口酒的分类

按照制作利口酒的原材料类型可以分为水果利口酒、草本利口酒、种子利口酒、乳脂类利口酒四大类。

（1）水果类利口酒：以水果的果实或果皮为原料制成的利口酒，代表性酒水有柑香酒、君度、椰子利口酒等。

（2）种子类利口酒：以种子果实制成的利口酒，代表酒水有茴香利口酒、咖啡利口酒、榛子利口酒等。

（3）草本类利口酒：以花、草为原料制成的利口酒，比如杜林标酒、修道院酒、修士酒等。

（4）乳脂类利口酒：以各种香料和乳脂调配而成的利口酒，比如爱尔兰雾酒、百利甜奶油酒、鸡蛋利口酒等。

鸡尾酒调制常用利口酒有柑香酒、杜林标酒、波士樱桃白兰地、波士蓝橙酒、波士薄荷酒、马利宝椰子酒等。

四、中国配制酒

（一）中国配制酒的定义

中国的配制酒最早用于医疗药用，与其他国家的配制酒相比风格迥异。配制酒的酒基为白酒或黄酒。在酒基中加入中医药材，尤其是动物性材料，如虎骨、鹿茸、海螵鞘等动物性原料，制成滋补性、疗效性配制酒，具有较高的医疗价值。

（二）中国配制酒的特点和分类

依据所用的香料和药材，可以将中国配制酒分为以下五类：

1. 花类配制酒

花类配制酒是以各种花卉的花叶根茎为原料，采用黄酒、葡萄酒、白酒或食用酒精等为酒基配制而成的酒。其特点为具有明显的花香。代表酒类为桂花酒、玫瑰露酒。

2. 果类配制酒

果类配制酒是指采用在不同的酒基中加入果汁或者用酒来浸泡破碎后的果实配置而成的酒。这类酒果香突出，酒度、糖度都不高，甘甜爽口，如山楂酒、蜜橘酒、青梅酒等。

3. 芳香植物类配制酒

芳香植物类配制酒是在酒基中加入花卉植物之外的芳香植物，通过直接浸泡或者浸泡后再蒸馏的方法制成。这类配制酒所加入的植物香料绝大部分属于中药材，故又称为药香型配制酒，如山西竹叶青、莲花白酒等。

4. 滋补型配制酒

此类酒多采用黄酒或白酒为酒基，加入动物性或植物性药料，用浸渍法或药材单独处理，最后混合配制而成，如人参酒、椰岛鹿龟酒、蛤蚧酒等。

5. 其他类配制酒

我国仿制的一些国外蒸馏酒如威士忌、金酒、伏特加等，在我国的商业习惯中将此类酒归为配制酒。

项目五　非酒精饮料

非酒精饮料是指不含有酒精成分的饮料，通常指碳酸饮料、果蔬汁饮料、咖啡、茶饮料等。茶与咖啡、可可并称为世界三大无酒精饮料。

一、茶（tea）

（一）茶的定义

我们通常讲的茶是指用山茶科的茶树的嫩叶和芽加工而成，可以用开水直接冲泡的一种饮品。

（二）茶的特点和分类

如今茶的品种和口味、功能日益丰富，我们日常接触到的茶品基本可以分为两大类：六大基础茶品和再加工茶。

1. 白茶

白茶为轻发酵茶，常选用芽叶上白茸毛多的品种制成。成品白茶满披白毫，形态自然，汤色黄亮明净，滋味鲜醇。代表茶品有银针白毫、寿眉、白牡丹等。

2. 绿茶

绿茶为不发酵茶，是我国产量最多的一类茶，具有清汤绿叶的品质特征。嫩度好的新茶，色泽绿润，芽锋显露，汤色明亮。其代表茶品有龙井、碧螺春等。

3. 黄茶

黄茶为轻微发酵茶，黄叶黄汤，香气清悦，滋味醇厚，其制作过程中有特殊工艺环节"闷黄"，如君山银针，其芽叶茸毛披身，金黄明亮，也称为"金镶玉"，汤色杏黄明澈。

4. 青茶

青茶又叫乌龙茶，为半发酵茶，色泽青褐如铁，因此也称它为青茶。典型的乌龙茶的叶体中间呈绿色，边绿呈红色，素有"绿叶红镶边"的美称。汤色清澈金黄，有天然花香，滋味浓醇鲜爽。其代表茶品有铁观音、大红袍、冻顶乌龙等。

5. 黑茶

黑茶为后发酵茶。叶色油黑凝重，汤色澄黄，叶底黄褐，香味醇厚。黑茶主要压制成紧压茶供给边区少数民族饮用。代表茶品有六堡茶、普洱茶、茯砖等。

6. 红茶

红茶为全发酵茶。红叶红汤，这是经过发酵以后形成的品质特点。叶色泽乌润，滋味醇和浓，汤色红亮鲜明。红茶有功夫红茶、红碎茶和小种红茶三种。著名的红茶茶品有祁红、宁红、滇红等。世界的四大红茶是：祁门红茶、阿萨姆红茶、大吉岭红茶、锡兰高地红茶。

7. 再加工茶类

六大茶类经过第二次加工形成的茶叫再加工茶，如花茶（花草茶）、紧压茶、萃取茶、药用保健茶、茶饮料、果味茶、茶食品等。

二、咖啡

（一）咖啡的定义

咖啡是用经过烘焙的咖啡豆制作出来的饮料。

（二）咖啡的分类与特点

迄今被发现的咖啡品种已逾120种，其中最主要的两个品种为阿拉比卡种和罗布斯塔种。此外还有一些次要的品种，如利比里亚种，但市场上并不多见。它们之间存在着显著的差异，如表3-9所示。

表3-9　咖啡三大原生种的特征

特征	阿拉比卡种	罗布斯塔种	利比里亚种
香气、口味	优质的香气和酸度	似炒麦香，酸度不明显	苦味重
豆子的形状	扁平、椭圆	较圆	汤匙状
每树收成量	相对较多	多	少
栽培海拔	600~2 000 米	600 米以下	200 米以下
适合温度	不耐低温、高温	耐高温	耐低温、高温
适合雨量	不耐多雨、少雨	耐多雨	耐多雨、少雨
结果期	3 年	3 年	5 年
占世界产量比例	70%	20%~30%	不到 5%

1. 阿拉比卡种

阿拉比卡咖啡树原产地为埃塞俄比亚，是最古老的咖啡树种、高处生长品种，通常种植在山区、高原或火山的斜坡上。最适宜的生长高度在海拔600~2 000 米，海拔越高，品质越好，其咖啡豆产量占全世界产量的70%。世界著名的蓝山咖啡、摩卡咖啡等，几乎全是阿拉比卡种。

阿拉比卡种的特点：酸度较高，含咖啡因少，颜色为红色，油脂少，只有在海拔600米以上才能生长，有浓烈的香气和各种不同的口味，味道更纯正，口感润滑。

2. 罗布斯塔种

罗布斯塔咖啡树原产地在非洲的刚果，目前世界上大部分罗布斯塔咖啡树来自非洲的西部和中部，东南亚和巴西，它们生长在海拔600米以下的土地上。罗布斯塔种的咖啡树可以在平地生长，对环境的适应性极强，能够抵抗恶劣气候和病虫侵害，在除草、剪枝时也不需要太多人工照顾，可以任其在野外生长，是一种容易栽培的咖啡树。

罗布斯塔种的特点：相对于阿拉比卡种，罗布斯塔种酸度低、风味少，咖啡因含量高，颜色为褐色，油脂厚，被广泛应用于速溶咖啡和一些传统的咖啡店。

3. 利比里亚种

利比里亚咖啡树原产地为非洲的利比里亚，它的栽培历史比其他两种咖啡树短，所以栽种的地方仅限于利比里亚、苏里南、盖亚那等少数几个地方，因此产量占全世界咖啡豆产量不到5%。利比里亚咖啡树适合种植于低地，所产的咖啡豆具有极浓的香味及苦味。

三、其他软饮料

（一）碳酸饮料

1. 碳酸饮料的定义

碳酸饮料俗称汽水，是指在一定条件下充入二氧化碳气体的饮料制品，一般是由水、甜味剂、酸味剂、香精香料、色素、二氧化碳及其他辅料组成。通常将 CO_2 称为碳酸气。汽水因含有大量的 CO_2 气体，能将人体内的热量带走，产生清凉爽快的感觉，同时能使饮料风味突出，口感强烈，是一种很好的清热解渴的饮料。

2. 碳酸饮料的特点和分类

根据国家标准 GB/T10792-2008，可将碳酸饮料分为果汁型、果味型、可乐型和其他型四种。

（1）果汁型碳酸饮料

果汁型碳酸饮料含有 2.5% 以上天然果汁的碳酸饮料，如：橘汁汽水、橙汁汽水、菠萝汁汽水等。这类果汁汽水，具有果品特有的色、香、味。它不仅可以消暑解渴，还有一定的营养作用，因而属于高档汽水，一般可溶性固形物为 8%～10%，含酸量 0.2%～0.3%，含二氧化碳 2～2.5 倍。由于加入果汁的体态不一，还可分为澄清果汁汽水和混浊果汁汽水。

（2）果味型碳酸饮料

果味型碳酸饮料是以果味香精为主要香气成分，含有少量果汁或不含果汁的碳酸饮料，如百事公司推出的芬达等。

（3）可乐型碳酸饮料

可乐型碳酸饮料是指含有可乐香精或类似可乐果、焦糖色，果香混合而成的碳酸饮料。可乐型碳酸饮料是在 20 世纪 80 年代初，随着我国引进美国百事可乐生产线后，相继发展起来的。百事、七喜、美年达是三个著名可乐型碳酸饮料品牌。

（4）其他型碳酸饮料

其他型碳酸饮料是指其他的具有特殊风味的碳酸饮料，如苏打水、盐汽水、姜汁汽水等。

（二）果蔬汁饮料

1. 果蔬汁饮料的定义

果蔬汁是指以新鲜或冷藏果蔬（也有一些采用干果）为原料，经过清洗、挑选之后，采用物理的方法如压榨、浸提、离心等得到的果蔬汁液，因此果蔬汁也有"液体果蔬"之称。它含有新鲜果蔬中最有价值的成分，无论在风味和营养上，都是十分接近新鲜果蔬的一种制品。以果蔬汁为基料，通过加糖、酸、香精、色素等调制的产品，称为果蔬汁饮料。

2. 果蔬汁饮料的特点和分类

按照果蔬汁制品状态和加工工艺可以分为非浓缩果汁、浓缩果汁和果汁粉三类。

（1）非浓缩果汁是从果蔬原料榨出的原果汁略行稀释或加糖调整及其他处理后的果蔬汁。

（2）浓缩果蔬汁是采用物理方法从果汁中除去一定比例的水分，加水复原后使其具有果蔬汁应有特征的制品。部分水分的脱除使浓缩果蔬汁具有了体积小、包装和运输费用低、产品质量稳定和不添加防腐剂却具有较长保藏期的特点，使其在饮料中的比例日益增大，尤其是饮料生产加工向主剂化生产发展，浓缩果蔬汁的需要随之增加。在国际贸易中，浓缩果蔬汁比较受欢迎，生产量和贸易量也在逐年增加。

（3）果汁粉是在天然果汁中添加蔗糖，经干燥制得。由于未加入蔗糖，果汁粉可保持原有的天然风味、特点。用此法制得的果汁粉还可作各种食物的调料，用途十分广泛。

（三）乳品饮料

1. 乳品饮料的定义

乳品饮料通常是指以牛奶或乳制品为主要原料（含乳30%以上），加入水与适量辅料如果汁、果料和蔗糖等物质，经有效杀菌制成的具有相应风味的含乳饮料。根据国家标准，乳饮料中的蛋白质及脂肪含量均应大于1.0%。

2. 乳品饮料的特点和分类

在我国，含乳饮料分为两类：配制型含乳饮料和发酵型含乳饮料。

配制型含乳饮料的主要品种有咖啡乳饮料、可可乳饮料、果汁乳饮料、巧克力乳饮料、红茶乳饮料、蛋乳饮料、麦精乳饮料等。

发酵型含乳饮料是指以乳或乳制品为原料，在经乳酸菌等有益菌培养发酵制得的乳液中加入水以及食糖和（或）甜味剂、酸味剂、果汁、茶、咖啡、植物提取液等的一种或几种调制而成的乳蛋白质含量不小于1%的饮料。例如最常见的早餐奶。

（四）矿泉水

1. 矿泉水的定义

矿泉水是指从地层溢出地面的含有大量矿物质的天然泉水。这些矿物质除含有氯化钠、碳酸钠、碳酸氢钠、钙盐、镁盐外，还有许多对人体有益的微量元素。

不是所有的矿泉水都能喝，它必须具备几个条件：一是风味佳，有独特的口感；二是含有对人体健康有益的成分；三是要符合卫生要求，其中的有害成分、放射性物质、致病菌都不能超出国家规定的标准。

2. 矿泉水的特点和分类

从国内外矿泉水的生产状况来看，矿泉水可分为天然矿泉水和人造矿泉水两大类。

（1）天然矿泉水。天然矿泉水是指通过人工钻孔的方法引出的地下深层未受污染的水。这种矿泉水常以原产地命名，并在矿泉所在地直接生产包装。由于受产地地质结构和水文状况的影响，这种水在矿物质成分含量上差别很大。

（2）人造矿泉水。将普通的饮用水经过人工的方法过滤、矿化、除菌等过程加工而成的水属于人造矿泉水。人造矿泉水所含的成分可通过人为选择来调整，并使其成分保持相对稳定。

优质矿泉水有以下特点：

（1）水体清澈透明，无色、无味，没有任何沉淀物。

（2）外包装商标明确、端正，各种标识清晰完整。优质矿泉水多用无毒塑料瓶包装，造型美观，做工精细；瓶盖用扭断式塑料防伪盖，有的品牌还有防伪内塞；表面采用全贴商标，彩色精印，商品名称、厂址、生产日期齐全，写明矿泉水中各种微量元素及含量，有的还标明检验、认证单位名称。

（3）口味清爽，微带咸味，二氧化碳微微刺舌，无异味。

实训项目

项目一　酒标识别

实训目标：通过本次实训，初步了解国外六种蒸馏酒的常见品牌，熟悉其酒标特征并能正确地识别。

实训内容：六大基酒酒标识别。

实训方法：教师演示、讲解，学生分组识别酒标，撰写实训报告，分组汇报。

实训步骤：

（1）教师讲解识别酒标技巧；

（2）学生寻找六大基酒的代表性酒品，并填写酒标识别报告表；

（3）分组讨论并总结。

考核要点：

（1）六大基酒的识别；

（2）六大基酒酒标的具体信息的认知（如表 3-10 所示）；

（3）通过酒标对酒做出评价。

表 3-10 酒标识别报告表

序号	酒品名称（中英文）	产地	酒厂（酒庄）	酒度	容量	年份	等级
1							
2							
3							
4							
5							
6							
7							
8							

项目二　酒水品鉴

实训目标：通过本次实训，使学生初步了解发酵酒和蒸馏酒的品鉴技巧，培养学生具备调酒师的职业基本技能，为后续鸡尾酒调制的学习打下基础。

实训内容：品鉴葡萄酒、啤酒和六大基酒。

实训方法：教师演示、讲解，学生分组品尝酒品，撰写实训报告，分组汇报。

实训步骤：

（1）教师讲解品鉴技巧；

（2）学生品鉴；

（3）分组讨论并总结。

考核要点：

（1）不同酒类的品鉴方法；

（2）会使用专业术语对酒进行评价；

（3）能够恰当填写品鉴报告（如表 3-11 所示）。

表 3-11　酒品品鉴报告表

序号	酒品名称	产地	酒度	颜色	香味	口感	综合评价
1							
2							
3							
4							
5							
6							
7							

◇拓展阅读

葡萄酒著名产区

一、法国

葡萄酒的法语表达为 Vin。法国的葡萄酒不仅产量大，品种多，而且以其卓越的品质闻名于世。法国葡萄酒举世著名的产区是波尔多、勃艮第、香槟区这三个地区。风行世界的优秀葡萄酒 50%产于此区域。

1. 波尔多

波尔多地区位于法国西南部。该地生产红葡萄酒、白葡萄酒、玫瑰红葡萄酒及葡萄汽酒，其中陈酿红葡萄酒名气最大。波尔多有五个著名产区：美度、圣艾美农、格雷夫斯、苏太尼和波梅罗。

2. 勃艮第

勃艮第位于法国东部，是最引人瞩目的高级葡萄酒产地。勃艮第主要生产白葡萄酒、红葡萄酒，其中红葡萄酒最负盛名。勃艮第的葡萄园种植面积小于波尔多。由于历史原因，勃艮第的城堡均已毁坏，所以勃艮第葡萄酒没有以古堡命名的名称。勃艮第分为三大产区，即夏布利、金坡地和南勃艮第。

3. 香槟区

香槟区位于法国北部，其葡萄酒产地主要集中在马恩省境内。其三个最著名的产区为兰斯山地、马尔尼谷地、白葡萄坡地。其中以兰斯山地区出产的香槟酒最有名气。

二、意大利

意大利是世界上最大的葡萄酒生产国和消费国。意大利葡萄酒种类繁多，风格各异，主要以佐餐红葡萄酒、白葡萄酒为主。意大利北部所产的葡萄酒最佳，尤以皮埃蒙特、托斯卡纳两省出产的葡萄酒最为著名。意大利葡萄酒品牌名称常以产地、葡萄品种或业主自定的名称命名，较为复杂。著名品牌有：巴罗咯红葡萄酒、巴巴莱斯库红葡萄酒、奇安蒂红葡萄酒等。

三、德国

德国酿酒历史悠久，技术卓越，质量管理严格，产品在全球范围享有较高声誉，尤以生产白葡萄酒著称。德国葡萄酒主要采用雷司令、西万尼、米勒杜尔高三个葡萄品种为原料。德国著名葡萄酒产区主要集中在莫泽尔和莱茵河两岸。

四、其他国家

1. 西班牙

西班牙的葡萄酒产量仅次于意大利和法国，居世界第三位。早在14世纪，英国就已经进口西班牙葡萄酒了。西班牙主要生产红葡萄酒、白葡萄酒、玫瑰红葡萄酒，其中以红葡萄为酒基生产的雪莉酒名气最大。西班牙的主要葡萄酒产区有：阿里坎特、拉曼查、里奥哈、加泰罗尼亚、纳瓦拉、巴伦西亚。

2. 阿根廷

阿根廷是世界第五大产酒国，是新世界葡萄酒的代表国家之一。著名的产酒区有圣约翰、拉里奥哈、里奥内格罗和萨尔塔。

3. 美国

相对而言，美国的葡萄酒生产业属于新兴产业。其生产主要集中在加利福尼亚州和纽约州。美国最好的葡萄酒均产自加利福尼亚州，主要产区为纳帕山谷、索罗山谷和俄罗斯河山谷、威廉美特山谷。而纽约州是美国国内仅次于加利福尼亚州的葡萄酒生产州，其中最有名的是芬格湖地区。

4. 澳大利亚

澳大利亚同美国、阿根廷一样，也属于葡萄酒新世界产区。其气候、降雨量等自然环境得天独厚。澳大利亚著名的葡萄酒产地主要集中在南海沿岸，主要有新南威尔士州的亨特河谷、澳大利亚南部的麦克拉伦、维多利亚的格莱特·威士顿、西澳大利亚、昆士兰等。

啤酒著名产区

（1）德国：世界上啤酒生产和消费的主要国家之一，最著名品牌有卢云堡、鲍克啤酒。

（2）捷克斯洛伐克：以生产比尔森啤酒著称。

（3）丹麦：丹麦能生产世界上最好的啤酒，也是唯一使用了木桶制作啤酒的国家。丹麦的啤酒生产始于15世纪，丹麦著名的啤酒品牌是嘉士伯啤酒。1876年丹麦成立了著名的嘉士伯实验室，由嘉士伯实验室培养的汉逊酵母至今仍被各国啤酒业界使用，嘉士伯啤酒工艺一直是啤酒业的典范之一，它重视原材料的选择和严格的加工流程以保证其质量一流。自1904年开始，嘉士伯啤酒被丹麦皇室许可作为指定用酒，其商标亦多了一个皇冠标志。

（4）荷兰：世界著名啤酒——喜力啤酒的产地。

（5）比利时：比利时啤酒产量大，品种多，质量高。著名的啤酒有斯苔拉·阿多瓦。

（6）爱尔兰：爱尔兰以生产著名的健力士啤酒而闻名于世，健力士啤酒又被称为"男子汉的饮料"。

（7）美国：以百威啤酒著称，其他品牌还有安德克、奥林匹亚、库斯、米勒等。

（8）日本：日本著名啤酒品牌有麒麟、札幌、朝日、三得利等。

（9）中国：作为世界啤酒生产及消费大国，中国的啤酒品牌有很多，如著名的青岛啤酒、雪花啤酒、哈尔滨啤酒等。

（10）新加坡：新加坡以虎牌啤酒著称。

（11）澳大利亚：澳大利亚的著名啤酒品牌有福士达、天鹅拉戈。

◇英文服务用语

一、无酒精饮料

lipton 立顿

black tea 红茶

white tea 白茶

oolong tea 乌龙茶

yellow tea 黄茶

dark tea 黑茶

jasmine tea 茉莉花茶

mugi-cha 大麦茶

herbal tea 花草茶

espresso 浓缩咖啡

Espresso Macchiato 玛奇朵

Americano 美式咖啡

Caffè Latte 拿铁

Cappuccino 卡布奇诺

Caffè Mocha 摩卡

Irish Coffee 爱尔兰咖啡

fruit juice 果汁饮料

lemon juice 柠檬汁

lime juice 青柠汁

orange juice 橙汁

pineapple juice 菠萝汁

grape juice 葡萄汁

mineral water 矿泉水

soda water 苏打水

sparkling water 汽水

quinine water 奎宁水

ginger water 干姜水

Coca Cola 可口可乐

tonic water 汤力水

Indian Lassi 印度奶昔

ice cream 冰激凌

二、酒精饮料

Brandy 白兰地

Whisky 威士忌

Gin 金酒

Vodka 伏特加

Rum 朗姆酒

Tequila 龙舌兰酒/特基拉酒

aperitif 餐前酒

table wine 佐餐酒

dessert wine 甜食酒

Cognac 干邑白兰地

Armagnac 雅文邑白兰地

French Brandy 法国白兰地

Johnnie Walker Black Lable 尊尼获加黑标

Scotch whisky 苏格兰威士忌

Single Malt 单麦芽威士忌

Pure Malt 纯麦芽威士忌

Blend 调和性威士忌

Grain Whisky 谷物威士忌

American Whisky 美国威士忌

Irish Whiskey 爱尔兰威士忌

Silver Rum 银朗姆

Gold Rum 金朗姆

Dark Rum 黑朗姆

Blanc 白葡萄酒

Rouge 红葡萄酒

Rose 玫瑰红酒

pale beers 淡色啤酒

brown beers 浓色啤酒

dark beers 黑色啤酒

Ale 爱尔

Stout 司都特

Porter 波特

Munich 慕尼黑

Bock 包克啤酒

beer 啤酒

wine 葡萄酒

liqueur 利口酒

aperitif 开胃酒

◇考核指南

一、知识项目

1. 酒水和酒的概念与分类。

2. 酒的成分与风格。

3. 发酵酒、蒸馏酒、配制酒及非酒精饮料的定义、特点和分类。

二、实训项目

1. 六大基酒的酒标识别方法。

2. 葡萄酒、啤酒和六大基酒的品鉴技能。

模块四　酒水服务技巧

◇**学习目标**

●知识目标

➢能表述各类酒水服务的要求

➢能根据酒水的特点表述服务流程

➢能掌握酒水服务品鉴的要点

●能力目标

➢能根据正确的流程进行各类酒水服务

➢能熟练运用酒水服务技巧

➢能根据模拟情景展开服务实践

◇**项目导入**

　　酒水服务是餐饮服务的重要组成部分，酒水服务水平的高低直接影响客人的感受及其酒水消费水平。

　　客人在餐厅时，虽然以显性售价购买酒水，但实际上却蕴含着隐性酒水服务。而客人接受服务的满意度受侍酒师酒水服务水平和相处愉快程度等因素的影响。对客接待服务与餐饮服务的技能要求类似，而酒水服务却具有其独特服务魅力，其过程多在顾客注视之下进行。这不但要求服务人员有较好的专业技术功底，还要求服务人员特别是侍酒师具有相当的表演天赋和沟通能力。

　　而精湛的酒水服务技巧，能让客人赏心悦目，促进其消费，对侍酒师来说更是自身的工作价值的体现。

知识项目

项目一　啤酒服务

一、温度要求

啤酒适宜低温饮用，最佳饮用温度是 6℃~13℃，不能太凉，因为啤酒中含有丰富的蛋白质，在 4℃以下会形成沉淀，影响口感。

二、酒杯的选择

饮用不同类型的啤酒通常会配备不同的啤酒杯，以达到最佳饮用效果。以下为常见的几种啤酒杯：

1. 笛形玻璃杯

因为它狭长的造型在倒注啤酒时能够激起足够的泡沫，且不会很快消失，对于气泡的涌动展现也很好。一般美式淡色爱尔啤酒、法式淡色啤酒、德式淡色啤酒、捷克的皮尔森啤酒都非常适合用这种酒杯。

2. 圣杯

圣杯开口大、深度浅、底部宽平、杯壁较厚，杯子很强调泡沫的表现。能产生两指宽的细腻泡沫的啤酒才使用圣杯盛装，这种宽口较浅的杯子也有助于酒液内更多的气泡生成以补充泡沫层的厚度，减缓泡沫消失的速度。比利时的修道院啤酒、烈性淡色爱尔啤酒、烈性深色爱尔啤酒、双料啤酒、三料啤酒，还有来自德国的柏林小麦啤酒，都适用于这种杯子。

3. 扎啤杯

扎啤杯有较厚的杯壁，即使长时间用手拿着也不影响啤酒的低温，很适用于畅饮。扎啤杯适用的啤酒是最多的，美式的、德式的、欧式的啤酒，还有世界范围的大部分啤酒都适用，因为大部分啤酒都强调的是碰杯和畅饮，还有低温。

4. 皮尔森杯

皮尔森杯通常都是又细又长、口大底小的圆锥形，而且杯身比较薄，因为它强调观看皮尔森啤酒晶莹透彻的色彩，以及气泡上升的过程。另外，宽杯口是为了在顶部保留适当的泡沫层，以及保证它的存留时间，基本上符合设计初衷，透彻、金黄色、气泡多、适合畅饮。

5. 品脱杯

品脱杯一般是接近圆柱形的带有轻度圆锥体特质的造型，杯口会稍大一些，接近杯口处有一圈突起，便于掌握，而且突起处还能够帮助泡沫以及酒产本身产生的气味保留得更长久一些。一般适用于英式啤酒。

6. 郁金香杯

用这种杯子装啤酒是为了捕捉酒本身的香味，让这些味道都留在较小的杯口内，喝酒的时候我们的鼻子会在杯子内闻到啤酒的气味。大杯小口的设计，也便于摇晃酒杯以搅动啤酒，促进啤酒内沉淀物的快速稀释。此杯适用于各类口味比较强烈的带有沉淀物的啤酒，比如美式的大麦酒、比利时的淡色爱尔啤酒等，也有人用这样的杯子喝德式黑啤。

7. 开口郁金香杯

开口郁金香杯在郁金香杯的基础上还强调了泡沫的表现，所以把杯口打开让更多的泡沫体现出来。美式淡色爱尔啤酒、比利时烈性爱尔啤酒、深色爱尔啤酒、法兰德斯红色爱尔啤酒都更适合这种开口的郁金香杯。

8. 直口杯

传统的德国风格直口杯，基本上是又细又长，圆柱体，用来盛透彻的下面发酵啤酒的，这种杯可以观察到啤酒内部气泡的涌动，喝起来也比较畅快。这种杯子一般适用于捷克的皮尔森啤酒、德国的下面发酵啤酒，以及一些透彻可以观察气泡上升的酒。

8. 小麦啤酒杯

一个属于德国小麦啤酒风格的啤酒杯，它的造型接近小麦的造型——细长、底窄、头宽，开口还有闭合，强调展示小麦啤酒本身的云雾外观和颜色。顶部大、开口小是为了让更多的泡沫留在上面，并存住小麦啤酒特有的水果香味。

10. 黑啤杯

黑啤杯一般只适用于德国的下面发酵黑啤酒，受众较少。它的造型比较有特色：底部细短，顶部宽大，是非常便于手持的一个设计。底部的细短设计是让你观察黑啤本身的颜色，而顶部宽大是为了留存更多的泡沫。

各类酒杯的形状如图4-1~图4-2所示。

笛形玻璃杯　　　　圣杯　　　　扎啤杯　　　　皮尔森杯　　　　品脱杯

图4-1

郁金香杯

开口郁金香杯

直口杯

小麦啤酒杯

黑啤杯

图 4-2

三、服务流程

（1）宾客点酒，要仔细聆听，做好记录，并重复一遍，确认无误。

（2）取出杯垫，放在客人面前，并取出经过冷冻的啤酒杯，将其置于杯垫上。

（3）取出冰镇的啤酒，使用开瓶器打开。

（4）采用桌斟方式，使用两倒法为客人斟倒。注意酒瓶的商标朝向客人，控制好酒液的流速，使酒液沿杯壁慢慢流入，以十分满为标准，其中八分为酒液，二分为泡沫。

（5）未倒完的啤酒瓶放在客人的右手侧，置于杯垫之上，商标朝向客人。

（6）如客人点的是干型啤酒（如科罗纳啤酒），应注意征询客人是否在酒杯内添加柠檬片。

（7）客人饮用过程中应注意观察，随时为其添加啤酒。当客人瓶中的啤酒仅剩三分之一时，应主动询问客人是否需要再添加一瓶啤酒。

（8）注意及时将已倒空的啤酒瓶撤下台面。

四、配餐原则

啤酒的配餐虽没有葡萄酒这么讲究，但其具有的独特风味，层次丰富的口感，与食物搭配在一起也有很多惊喜。在做啤酒的餐酒搭配的时候，一般推崇以下三个原则。

1. 匹配原则

匹配原则关注的是食物和啤酒浓度的一致性，目的是让两种味道很接近，而不希望某个味道特别"抢戏"。比如用清爽怡人的百威啤酒搭配龙虾沙拉，酒液透亮，顺滑的口感搭配龙虾的鲜嫩更加美味。

2. 衔接原则

衔接原则是将多种风味进行重组融合，诠释出一种全新的味觉，比如用时代啤酒搭配鲜香诱人的糯米鸡。淡金色酒液，口感清新。酒花的风味遇上糯米鸡荷叶的清香，相得益彰。再比如用口感清爽顺滑，泡沫细腻的福佳白啤搭配麦香油爆虾。小麦啤酒的天然麦香和菜的菜香完美契合。这种搭配让各种味觉之间不会起任何冲突，反而相辅相成、彼此衬托。

3. 对比原则

对比原则是将食物和啤酒的质地和味道作对比，比如啤酒中的二氧化碳产生的沙口感与食物的油腻感形成对比。当我们在享用牛肉的时候，一杯酒花香气四溢的 IPA 就与红肉中的油脂味道形成了对比。而食物和啤酒之间还有苦味、甜味的对比，等等。

五、啤酒品鉴

1. 外观

啤酒外观评估是在开瓶前。可把一瓶未开启的啤酒对着光线来观察其大气泡的模样，这样可以鉴别该瓶啤酒是否被震荡过，防止开启时喷射。如果被震荡过，最好静置 1~2 天再开启。还要检查瓶底的沉淀物，它应该是薄薄而密集的一层沉淀，如果啤酒呈朦胧和模糊状，那该瓶啤酒近期曾遭到激烈震荡，需要 1~2 天竖立静置。

2. 芳香

啤酒的芳香一般与啤酒的麦芽成分和谷物填充物成分的味道有关。这些芳香往往可以描述成：有坚果味道的、甜的、有谷物味的。

3. 香味

啤酒的香味是啤酒闻上去的味道，与啤酒花带给啤酒的风味有关。酒花味只是在啤酒刚倒出来的时候能辨别出，不过很快就消失了。用来描述酒花香味的词有：带草本味的、带松木味的、带花香味的、带树脂味的和带香料味的。

4. 后熟

它用来描述啤酒中二氧化碳的含量，适当的后熟带给啤酒丰富的成分，赋予啤酒更生机勃勃的质量。后熟时间太长会使啤酒的口感有所改变，并调和了各种滋味。后熟时间太短则使啤酒显得过甜，失去平衡感或变得无味。

5. 口感

啤酒的口感是指对酒体的知觉。受啤酒中蛋白质和糊精的影响，其口感会明显有淡和浓之分。

6. 风味

啤酒应该具有共有口味特征。一杯经过完美调和的啤酒应该在麦芽甜度和酒花苦味之间得到仔细的风味协调。

7. 回味

回味是指咽下一口啤酒后在口腔内所保持的味道。适当的回味与其他体验一样重要。不过大多数情况下，回味通常是希望能够调和和消除啤酒花的苦味。

小知识

纯生与冰爽

纯生啤酒未经高温杀菌，其口感新鲜，酒香清醇，口味柔和。纯生啤酒与一般的生啤酒又有区别，纯生啤酒是采用无菌膜过滤技术，滤除了酵母菌和杂菌，保质期可达 180 天；生啤酒虽然也未经高温杀菌，但它采用的是硅藻土过滤，只能滤掉酵母菌，杂菌不能被滤掉，因此其保质期一般在 3~7 天。

冰爽啤酒将啤酒冷却至冰点，使啤酒出现微小冰晶，然后经过过滤，将大冰晶过滤掉，解决了啤酒冷浑浊和氧化浑浊问题。冰爽啤酒色泽特别清亮，酒精含量较一般啤酒高，口味柔和、醇厚、爽口，尤其适合年轻人饮用。

项目二 葡萄酒服务

一、温度要求

红葡萄酒：通常不用冰镇，10℃～20℃保存为最佳。

白葡萄酒：白葡萄酒都应冷冻后上桌，味清淡者温度可略高一点，在10℃左右；味甜者冷冻至8℃为宜。此外，由于白葡萄酒的芬芳香味比红葡萄酒容易挥发，白葡萄酒都只有在饮用时才可开瓶。饮前把酒瓶放在碎冰内冷冻，但不可放入冰箱内，因为急剧的冷冻会破坏酒质及白葡萄酒的特色。

二、酒杯的选择

持杯柄的葡萄酒杯，因杯肚不同，大致分为六种：波尔多杯、勃艮第杯、白葡萄酒杯、起泡酒杯、甜酒杯、ISO杯。

1. 波尔多杯

波尔多杯是最典型、最常见的一种杯型。较长的杯身和较大较圆的杯肚，可以给酒液较大的空气接触面积，帮助其氧化，提升口感（俗称醒酒）。较窄的杯口则可以将酒香聚拢在杯口。这种杯型比较适合香气浓郁、风格强劲的红葡萄酒，如赤霞珠、美乐、西拉、桑娇维塞、丹魄等。如图4-3所示。

图4-3　波尔多杯

2. 勃艮第杯

和波尔多杯相比，勃艮第杯的杯肚更圆更大，这是因为黑皮诺的香气并不像赤霞珠那么浓郁，一个更聚拢的杯口和更宽大的肚子，可以更好地聚拢香气；酒液与空气接触的面积也更大。勃艮第杯比较适合风格轻盈、香气复杂细腻的酒，如黑皮诺、佳美、内比奥罗、巴贝拉等。如图4-4所示。

图4-4　勃艮第杯

3. 白葡萄酒杯

白葡萄酒杯比较小，看上去更像个小号的波尔多杯。这是因为白葡萄酒的风格更加轻盈清爽，不太需要氧气接触来醒酒，与之对应的酒杯也就没有设计成大杯肚的样子。更重要的是，白葡萄酒在饮用时，大多是要冰镇的。酒瓶可以放在冰桶里冰镇，但酒杯不行，因此小一点的酒杯每次可以少倒一点，尽量保证杯子里的酒一直处在最合适的温度范围内。白葡萄酒杯几乎适合所有白葡萄酒，如雷司令、长相思、灰皮诺等。如图4-5所示。

图4-5　白葡萄酒杯

4. 起泡酒杯

和其他杯型不同，起泡酒杯的设计理念，主要是为了喝酒的人可以通过长长的杯壁，看到气泡向上漂浮的轨迹。近几年，越来越多的香槟生产者建议大家用白葡萄酒杯来欣赏香槟的香气，而不是单纯地观察气泡。起泡酒杯（笛形杯/郁金香杯）适用于香槟、普罗塞克、卡瓦，以及所有其他的起泡酒。如图4-6所示。

图4-6　起泡酒杯

5. 甜酒杯

甜酒杯通常是用来喝波特、雪莉、马德拉这样酒精度较高的葡萄酒。它的收口狭窄，可以更好地收束香气，降低酒精的影响；杯身也较小，主要是为了方便饮用者控制量。甜酒杯适用于波特酒、雪莉酒、马德拉酒，以及苏玳等所有甜型酒。如图4-7所示。

图4-7　甜酒杯

6. ISO杯

ISO杯高六英寸、杯脚矮、杯肚瘦，呈郁金香型，杯口内收充分。这种杯型是葡萄酒杀手，再好的酒到了ISO杯里，也会难以释放精妙的香气。这种设计是为了给所有类型的酒款一个完全相同的环境，以便对比品鉴。这种酒杯主要用于教学和商务宴请，日常生活中很少用到。如图4-8所示。

图4-8　ISO杯

三、服务流程

1. 准备

红葡萄酒应放置在垫有餐巾的酒篮内，商标朝上，取送红葡萄酒时应避免摇晃，以防沉淀物泛起；白葡萄酒应放置在冰桶内，冰镇奉客（一般在5℃~8℃）。准备好几块口布待用。

2. 示酒

将葡萄酒取出，用一块口布托住葡萄酒底部，将商标朝向客人以展示酒水，由客人确认该酒是否为客人所点。如有差错，则应立即更换，直到客人认可。同时，询问客人现在是否可以开瓶。

3. 开瓶

用海马刀开瓶，首先取出外圈封口瓶盖，再拔出木塞。操作过程中，酒瓶不能旋转、晃动。木塞要完好，尽量不要破损。用干净的餐巾擦拭瓶口，以去除木塞屑。

4. 验木塞

取下木塞后，服务员应检查有无异味，并将木塞放在味碟中送至点酒客人面前查看，如发现该酒不宜饮用，则应立即更换。

5. 试酒

征询点酒客人同意后为其斟倒酒杯 1/5 的酒让其试尝。斟酒前可用口布围住瓶颈，避免滴酒。

6. 斟酒

当点酒客人品尝后，对酒表示满意，即可按先宾后主、女士优先的原则，按逆时针方向依次斟酒。一般来说，斟酒量在杯身 1/3 至 1/2 之间。斟酒过程中应避免酒液滴酒。

四、配餐原则

（1）进食海鲜类或口味清淡的菜肴时，配饮白葡萄酒；

（2）进食牛排、羊排、猪排等时则配饮红葡萄酒；进食火鸡、野味等菜肴时，配饮玫瑰红葡萄酒或红葡萄酒；

（3）进食甜点、奶酪配饮甜葡萄酒、雪利酒或利口酒。

五、葡萄酒品鉴

葡萄酒品鉴既是一门科学，也是一门艺术。品鉴人不仅要了解葡萄酒的历史文化、葡萄的种植和葡萄酒酿造工艺，还需要大量的品酒实践。通常从以下几个步骤进行品鉴：

（一）观色

观色的第一步，是观察酒液的澄清度。通常情况下，只有一些存在缺陷的葡萄酒才会出现浑浊的情况。不过一些装瓶前未经过滤或澄清的葡萄酒酒液也可能略显浑浊。

观色的第二步，是观察酒液的颜色。在白色背景下，将玻璃酒杯倾斜 45°最便于观察酒液颜色。颜色取决于葡萄的品种、葡萄酒的成熟度、发酵方式、老熟程度（橡木桶内发酵或陈酿的葡萄酒比不锈钢罐中的色深）和陈年时间。

通常情况下，红葡萄酒越"老"越浅，"年轻"的红葡萄酒颜色从紫红色到深宝石红色，"老"的红葡萄酒在边缘附近将显示砖红色。白葡萄酒颜色从浅黄色调直至变褐。颜色则介于青柠色到琥珀色之间，颜色愈深，愈能凸显酒款的陈年状态。若呈琥珀色，则表示该款酒可能曾被刻意氧化或者即将超过适饮期。桃红葡萄酒的颜色有粉红色、黄红色和橙色等。

（二）闻香

闻香是葡萄酒品鉴中的重要环节，可以通过葡萄酒散发的各种气味来评定葡萄酒的质量。

葡萄酒的第一层香气取决于葡萄酒品种，第二层香气主要来源于发酵，第三层香气来源于橡木桶陈酿和瓶内熟成，这种酒的香气也常被称为酒香或者醇香。当您晃动葡萄酒杯中的葡萄酒，可以闻到一些不同的香气，例如苹果、瓜、柑橘、樱桃、葡萄干、蜂蜜、桃子、香草、奶油糖、薄荷、甜椒、草、绿橄榄、丁香、甘草、雪松、咖啡、巧克力的香气。

（三）品尝

品尝是葡萄酒品鉴中最关键和最直接的环节。人的味觉能感受到的四种基本味感是甜、酸、咸、苦。舌尖对甜最敏感；接近舌尖的两侧对咸最敏感；舌的两侧对酸敏感；舌根对苦最敏感。单宁能让口腔表层皮肤收敛，这种干涩感在上门牙牙龈处最为明显；而酒下肚后，喉咙的灼烧感越强烈，酒精度就越高。

品酒时还需判断酒体轻重和余味长度。酒精较少的葡萄酒通常酒体较弱，而那些高酒度的葡萄酒酒体饱满。不管酒中的味觉成分是什么样子，最关键是要平衡。葡萄酒余味长度也是评判其质量的另一个重要指标。通常回味悠长是高品质葡萄酒的一个标志。

（四）评价

经过观色、闻香和品尝之后，品酒者就可以对酒做出相应的评价了。可以从酒的平衡度、浓郁度、余味长度和复杂度这四个因素考虑。一款好酒，在香气浓郁、风味复杂的同时，其任何一种香气和风味都不太过突出，口感的甜、酸、涩和酒体之间也能达到平衡，最后的余味亦是悠长而美妙。

小知识

葡萄酒的品评标准（参考）①

1. 干白葡萄酒
（1）色：麦秆黄色、透明、澄清、晶亮。
（2）香：有新鲜怡悦的葡萄果香（品种香），兼有优美的酒香。果香和谐、细致，令人身心愉快。不应有醋的酸气味感。
（3）味：完整和谐、轻快爽口、舒适洁净。不应有重橡木桶味，不应有异杂味。
（4）风格：应有清新、爽、利、愉、雅的味感，具有本类酒应有的风格。
2. 甜白葡萄酒
（1）色：麦秆黄色、透明、澄清、晶亮。
（2）香：有新鲜怡悦的葡萄果香（品种香），有优美的酒香。果香和酒香配合和谐、细致、轻快。不应有醋的酸气感。
（3）味：甘绵适润，完整和谐，轻快爽口，舒适洁净。不应有橡木桶味及异杂味。
（4）风格：应有清新、爽、甘、愉、雅的味感，具有本类型酒应有的风格。
3. 干红葡萄酒
（1）色：近似红宝石色或本品种的颜色，不应有棕褐色，透明、澄清、晶亮。
（2）香：有新鲜怡悦的葡萄果香及优美的酒香，香气谐调、馥郁、舒畅，不应有醋气感。
（3）味：酸、涩、利、甘、和谐、完美、丰满、醇厚、爽利、浓洌幽香。不应有氧化感及重橡木桶味感，不应有异杂味。
（4）风格：应有清、爽、馥、愉、醇、幽的味感及本品种的独特风格。
4. 甜红葡萄酒（包括山葡萄酒）
（1）色：红宝石色，可微带棕色或本品种的正色，透明、澄清、晶亮。
（2）香：有怡悦的果香及优美的酒香，香气谐调、馥郁、舒畅。不应有醋气感及焦糖气味。
（3）味：酸、涩、甘、甜、和谐、完美、丰满、醇厚爽利，浓烈香馥，爽而不薄，醇而不烈，甜而不腻，馥而不艳。不应有氧化感及过重的橡木桶味，不应有异杂味。
（4）风格：应有爽、馥、酸、甜的味感，和谐统一，具有本品种的特殊风格。

---

① 熊国铭. 现代酒吧服务与管理（第二版）[M]. 北京：高等教育出版社，2009.

项目三　蒸馏酒服务

一、白兰地服务

（一）温度要求

白兰地适合在正常室温下饮用，即 16℃～20℃之间，对于一些经过长期陈化的干邑白兰地，可以用手掌包住酒杯，让手掌的温度传递给酒液，提高其温度，好让它散发出更浓郁的香气。

（二）酒杯的选择

白兰地杯为杯口小、腹部宽大的矮脚杯。实际容量虽然大（约 240～300 毫升），但倒入的酒量不宜过多（约 30 毫升左右），以杯子横放后酒在杯腹中不流出为宜。持杯时，应用手掌往上包住杯身，让手的温度传到酒液中，使其散发出酒的香醇。如图 4-9 所示。

图 4-9　白兰地杯

（三）服务流程

1. 服务准备

准备酒杯、托盘、杯垫、搅拌棒、冰块和酒水，检查杯具是否清洁，酒水是否过期等。白兰地的饮用应使用白兰地杯，酒杯应洁净、无破损、无水渍、无污渍。

2. 示酒和开瓶

将商标朝向客人以展示酒水，由客人确认该酒是否为客人所点。如有差错，则应立即更换，直到客人认可。如客人示意可以开瓶，则将酒的封盖旋开。

3. 酒水服务

（1）净饮

白兰地的传统饮法是在室温下净饮，每份白兰地的标准服务量约为 30 毫升。简便的检验办法，是把盛了酒的白兰地杯横放于桌上，而白兰地刚好不溢出为准。

（2）加冰、加水

白兰地，目前国内的普遍饮法是加冰或加水饮用。在白兰地酒杯中加入三块方冰块，再将白兰地酒淋于冰块之上；或将白兰地倒于白兰地酒杯中，再加入适量的冰水，进行搅拌冷却。

4. 出品

垫上杯垫出品给客人，或者用托盘送到客人面前。

（四）白兰地的品鉴

1. 观色

品尝白兰地时，要先观色，上乘的白兰地的颜色应呈金黄色，晶莹剔透。

2. 闻香

法国科涅克白兰地香味独特，素有"可喝之香水"的美称。高质量的白兰地，其味道是有层次感的、丰富的，其香味不断翻滚，经久不散。

3. 品味

轻酌一小口，但不要吞咽，口腔中不同区域的味蕾会捕捉到不同的香味。

二、威士忌服务

（一）温度要求

最佳的威士忌饮用温度是室温，这样威士忌才能够完全释放出香气。常见的品饮方法可加纯净水和冰块，能降低威士忌入口后的灼烧感。

（二）酒杯的选择

威士忌品鉴越来越受到现代都市人的喜爱，面对品类丰富、风格各异的威士忌酒，学会选用不同类别的酒杯来品尝更能体现其专业性和获得更佳的品鉴感受。

（1）协会酒杯：SMWS（苏格兰麦芽威士忌协会）制作的杯子，玻璃材质，本质上也是格兰凯恩杯，杯身闻香表现比较优异。

（2）凯恩闻香杯：杯型从下到上先放后收，能凝聚香气，使酒香浓郁。

（3）Norlan 双层水晶杯：口微收，具有汇聚香气的作用。

（4）"侍"系列威士忌杯：形似郁金香杯，但杯口较收，杯身的"转折"没那么大。凝香功能佳，能凸显花果香气。

（5）Riedel Rock：富有质感，散发酒香比较快。因为酒精挥发得快，所以香气会更迅速地散发出来，但后劲不足。

（6）月亮杯：杯口较敞，使香气散发，丰满而柔美。

（7）Riedel Single Malt：比较专业的威士忌杯，水晶材质，外观上很有讲究。有Riedel 系列一贯的透明轻盈，薄且灵巧，闻香表现中规中矩。

以上杯形如图 4-10 所示。

协会杯　　凯恩杯　　Norlan　　侍　　Riedel Rock　月亮杯　Riedel Single Malt

图 4-10

（三）服务流程

1. 服务准备

准备酒杯、托盘、杯垫、搅拌棒、冰块和酒水，检查杯具是否清洁，酒水是否过期等。

2. 示酒和开瓶

将商标朝向客人以展示酒水，由客人确认该酒是否为客人所点。如有差错，则应立即更换，直到客人认可。如客人示意可以开瓶，则将酒的封盖旋开。

3. 酒水服务

（1）净饮

净饮可以获得威士忌最本真的口感。可以根据威士忌的品类和客人不同的需求选择酒杯。每份酒水的标准服务量约为 45 毫升。

（2）加冰

此种饮法又称 on the rock，既能降低酒精的刺激又不会过多稀释酒液。然而，威士忌加冰块虽能抑制酒精味，但也连带因降温而让部分香气闭锁，不能让客人完全地品尝出威士忌原有的风味。通常使用古典杯较多。冰块的选用从以前常用的方冰发展到现在十分流行的水晶球冰块。将冰块削成晶莹剔透的"水晶球"，在金黄的酒液中旋转，会给人带来美的享受。

（3）加水

加水是较常见的威士忌饮用方式。加适量的水能让酒精味变淡，引出威士忌潜藏的香气。一般而言，1：1 的威士忌加水的比例，最适用于 12 年威士忌；低于 12 年，水量要增加；高于 12 年，水量要减少；如果是高于 25 年的威士忌，建议是加一点水，或是不需要加水。

（4）加汽水

以烈酒为基酒，再加上汽水的调酒称为 Highball，以 Whisky Highball 来说，加可乐调制普遍用于美国威士忌，至于其他种类威士忌，大多是用姜汁汽水等其他的苏打水调制。

（5）苏格兰传统热饮法

在寒冷的苏格兰，有一名为 Hot Toddy 的传统威士忌酒谱，它不但可祛寒，还可治愈小感冒。Hot Toddy 的调制法相当多样，主流调配法多以苏格兰威士忌为基酒，调入柠檬汁、蜂蜜，再依各人需求与喜好加入红糖、肉桂，最后加入热水，即成御寒又好喝的调制酒。

4. 出品

垫上杯垫出品给客人，或者用托盘送到客人面前。

（四）威士忌的品鉴

1. 观色

酒的颜色体现出关于酒款的风格。通常说来，明亮的黄色和金色意味着清爽、更多花蜜和谷物类香气；深色则意味着你会闻到烘焙味道，比如焦糖、太妃糖、辛香料、烟熏或者核桃的味道。

2. 闻香

将酒杯凑近鼻子，轻嗅之后，自己决定是否晃动酒杯，让酒香溢出。但不要剧烈摇杯，这样很容易让酒精味散开。反复闻几次后，便能感受到一杯威士忌的特别风味。注意鼻子勿伸进酒杯，保持换气，以免刺鼻的酒精味麻痹嗅觉细胞。

威士忌的香气种类丰富，有谷物香、玉米香、酵母发酵带来的饼干味，泥煤的咸味甚至消毒药水味；还有在陈年过程中获得的花香、草药香，核果类、柑橘类香气，橡木桶提供的焦糖、香草、烟熏类香气等。不同原材料、工艺和风格的威士忌，香气差异千差万别。

3. 品味

在威士忌里兑入蒸馏水能稀释酒液，缓解威士忌灼热的口感，但同时也冲淡了很多迷人的滋味，降低了品尝的乐趣。品尝威士忌时，可小啜一口，让酒液足够滑过舌头而不至于浸没味蕾，让酒香在口中散发开来。让酒液在口腔里来回流动 3~5 秒，当咽下这口威士忌时，感受威士忌的余味和悠长且复杂的回味。

三、伏特加、朗姆、金酒、特基拉服务

（一）温度要求

喝伏特加、朗姆、金酒、特基拉的最佳饮用温度不能超过 8℃~10℃，可将酒放入冰箱冷藏，使瓶子稍稍有些水汽，也可加冰块。

（二）酒杯的选择

饮用伏特加、朗姆、金酒、特基拉时，通常选用古典杯（图4-11）或一口杯（图4-12）。

图4-11　古典杯

图4-12　一口杯

（三）服务流程

1. 服务准备

准备酒杯、托盘、杯垫、搅拌棒、冰块、盐、柠檬片和酒水，检查杯具是否清洁，酒水是否过期等。

2. 示酒和开瓶

将商标朝向客人以展示酒水，由客人确认该酒是否为客人所点。如有差错，则应立即更换，直到客人认可。如客人示意可以开瓶，则将酒的封盖旋开。

3. 酒水服务

（1）净饮

净饮可以使用一口杯或古典杯，每份酒水的标准服务量约为45毫升。饮用金酒、特基拉和伏特加时可将酒先进行冰镇，口感更佳；饮用特基拉时，传统的饮法是把盐撒在手背虎口上，迅速舔一口虎口上的盐，把酒一饮而尽，再咬一口柠檬片，整个过程一气呵成。

（2）加冰加水

加冰饮用时，先在古典杯中加入冰块，再将酒液淋倒于冰块之上；加水饮用时，先将酒液倒入古典杯中，再加入适量冰水，进行搅拌后即可饮用。通常饮用金酒、朗姆时会加入少量柠檬片装饰增味。

七、中国白酒服务

（一）温度要求

白酒一般是在室温下饮用，但是，稍稍加温后再饮，口味较为柔和，香气也浓郁。

（二）酒杯的选择

饮中国白酒通常选择白酒杯，如图4-13所示。

图 4-13　白酒杯

（三）服务流程

1. 点酒

通过点单机点酒，将酒从吧台中取出。在输入点单机前问清楚客人要求的白酒的度数，不同级别的酒价格相差很多。

2. 送达餐桌

将酒瓶、酒杯和酒壶放在托盘上，走到客人旁边将酒瓶和酒标面向客人，说"×××先生或先生，这是您点的××酒。"

3. 开酒

在客人面前开酒，切掉铝箔，拿掉酒塞，将白酒倒入酒壶。

4. 酒水服务

站在客人右侧，用服务巾清理瓶口。

5. 初次服务完毕

将酒壶放在餐桌上或服务台上。

6. 添酒

随时为客人添加酒水。

项目四　配制酒服务

一、开胃酒服务

（一）温度要求

开胃酒一般是在室温下饮用，也可根据个人口味加冰后再饮。

（二）酒杯的选择

开胃酒一般是烈性酒，能刺激胃口，增加食欲。开胃酒大多使用鸡尾酒杯（图 4-14）或古典杯（图 4-15）。

图 4-14　鸡尾酒杯

图 4-15　古典杯

（三）服务流程

1. 开胃酒服务准备

服务员需要准备酒杯、托盘、杯垫、调酒杯、搅拌棒、冰水和酒水。

2. 服务酒水

（1）服务开胃酒时，服务员须用右手从客人右侧，依据先宾后主、女士优先的原则，按顺时针方向服务；

（2）倒配酒时，服务员须询问客人所需配酒的用量；

（3）倒完配酒后，须用搅棒将开胃酒调和均匀，然后将配酒和搅棒放置一旁，示意客人开胃酒已调制好；

（4）再次为客人服务开胃酒时，须准备新的酒杯和配酒。

二、甜食酒服务

（一）温度要求

甜食酒一般是在室温下饮用，也可根据个人口味加冰后再饮。

（二）酒杯的选择

根据甜食酒的种类，选择对应的酒杯。一般选择雪莉杯（图4-16）和波特杯（图4-17）。

图 4-16　雪莉杯

图 4-17　波特杯

（三）服务流程

1. 甜食酒服务准备

服务员需要准备酒杯、托盘、杯垫、搅拌棒、调酒杯和酒水。

2. 服务酒水

（1）饮用时使用雪利酒杯。酒杯要求洁净、无破损、无水渍、无污渍。

（2）饮用温度要求室温或低于室温。

（3）每份酒水的标准服务量为50毫升。

三、利口酒服务

（一）温度要求

根据利口酒品种不同，对温度要求也不同。如水果类利口酒饮用最好冰镇；草本类利口酒宜冰镇饮用；种子利口酒常采用常温饮用；奶油类利口酒采用冰桶降温后饮用。

（二）酒杯的选择

饮用利口酒一般选择利口酒杯（图4-18）。

图4-18　利口酒杯

（三）服务流程

1. 利口酒服务准备

服务员需要准备酒杯、托盘、杯垫、搅拌棒、调酒杯和酒水。

2. 服务酒水

（1）饮用时使用利口酒杯。酒杯要求洁净、无破损、无水渍、无污渍。

（2）每一份的标准用量为25毫开，用利口酒杯或甜食酒杯提供。

项目五　非酒精饮料服务

一、茶饮服务

（一）服务种类

常见茶类净饮服务：玻璃杯冲泡绿茶、盖碗冲泡红茶、紫砂壶冲泡乌龙茶和英式茶服务。

（二）服务方式

1. 玻璃杯冲泡绿茶

（1）准备器具

备水：选择纯净水，水烧开后降到70℃~80℃。

备器：玻璃杯、随手泡、茶拨、赏茶荷、茶巾、废水缸、茶叶罐。

（2）冲泡流程

翻杯→取茶、赏茶→温杯→投茶→温润泡→冲泡→奉茶

2. 盖碗冲泡红茶

（1）准备器具

备水：选择纯净水，水烧开后降到80℃~90℃。

备器：盖碗、公道杯、随手泡、品茗杯、滤网、茶拨、赏茶荷、茶巾、废水缸、茶叶罐。

（2）冲泡流程

翻杯→取茶、赏茶→温杯具→投茶→温润泡→冲泡→出汤→奉茶

3. 紫砂壶冲泡乌龙茶

（1）准备器具

备水：选择纯净水，沸水烧开100℃。

备器：紫砂壶、随手泡、品茗杯、闻香杯、茶拨、茶夹、赏茶荷、茶巾、废水缸、茶叶罐。

（2）冲泡流程

翻杯→取茶、赏茶→温杯具→投茶→洗茶→冲泡→出汤→奉茶

4. 英式茶服务

（1）准备用具

①茶壶须洁净，无茶锈、无破损、无水渍、无指印。

②茶杯、茶碟、茶勺须洁净，无茶锈、无破损、无水渍。

③奶盅、糖盅须洁净，无异物，无破损。奶盅内倒入2/3盅的新鲜牛奶，糖盅内放入白砂糖、蔗糖、健康糖；袋糖须无凝固、无破漏、无污迹、无水渍。

（2）准备茶水

① 使用沸水沏茶。

② 在茶壶内放入一袋无破漏、洁净的袋泡茶。

③ 沏茶时，须将沸水倒至壶中 4/5 处为止。

（3）茶水服务

① 服务员将酒水员制作好的茶及准备好的茶具等依次摆放在服务托盘内，托盘须洁净，无破损、无水渍、无污迹。

② 服务员须将茶杯、茶碟、茶勺依次摆放在客人面前的吧桌台面上，且茶勺手柄须朝右，茶杯手柄须与客人平行；将奶盅、糖盅摆放在台面的中央，由客人自己添加糖和牛奶。

③ 服务茶水时，服务员须按先宾后主、女士优先的原则，从客人右侧将茶水倒入杯中，茶水须倒至茶杯的 4/5 处，四指并拢、手心向上，用手示意并请客人慢慢饮用；为客人斟倒完茶水后，将茶壶放置在台面的中央。

④ 当茶壶内茶水剩 1/3 时，服务员须主动上前为客人添加开水。

二、咖啡服务

（一）单品咖啡

1. 准备工作

根据客人订单，配备相应份额的鲜奶或淡奶，在托盘中放入各类糖包，并准备好咖啡杯具。

2. 制作咖啡

准备好相应数量的咖啡粉，将咖啡粉倒入咖啡机内，根据咖啡机的使用方法制作咖啡。

3. 咖啡服务

服务员将奶盅、糖罐以及准备好的咖啡、咖啡碟、咖啡勺等依次摆放在服务托盘内。先将奶盅、糖罐放在桌子的中间，再按先宾后主、女士优先的原则，从客人右侧将咖啡摆放在客人面前的台面上。咖啡杯放在咖啡碟上，咖啡杯把朝右，咖啡勺把朝右，并与咖啡杯成 45°夹角。

（二）冰咖啡、意大利浓缩咖啡、卡布奇诺咖啡

1. 准备工作

根据客人订单，配备相应份额的鲜奶或淡奶，在托盘中放入各类糖包，并准备好咖啡杯具及冰块。

2. 制作咖啡

（1）冰咖啡

①根据客人订单，准备好相应数量的长饮杯；

②将制作好的咖啡倒至长饮杯的2/3处；

③将三块冰块添加到长饮杯中，使咖啡冷却；

④酒水员将制作、准备好的冰咖啡及咖啡器具摆放在吧台上。

（2）意大利浓缩咖啡

①准备好制作咖啡用的咖啡豆；

②将咖啡豆放入全自动咖啡机内；

③服务员须根据客人订单，准备好相应数量的咖啡杯、咖啡碟、咖啡勺，并将咖啡杯放置在咖啡机下面的出水口处；

④按动机器上的操作按钮（每一杯浓缩咖啡的全部制作过程为二十秒）；

⑤酒水员将制作、准备好的意大利浓缩咖啡及咖啡器具摆放在吧台上。

（3）卡布奇诺咖啡

①准备好制作咖啡用的咖啡豆；

②将咖啡豆放入全自动咖啡机内；

③服务员须根据客人订单准备好相应数量的普通咖啡杯、咖啡碟、咖啡勺，并将咖啡杯放置在咖啡机下面的出水口处；

④按动机器上的操作按钮（每一杯卡布奇诺咖啡的全部制作过程为20秒）；

⑤向瓷壶内倒入1/3牛奶，用热蒸汽管将牛奶加热直至起沫，将牛奶沫放入已制作好的咖啡杯中；

⑥将少量肉桂粉均匀地撒在咖啡杯中的牛奶沫上；

⑦酒水员将制作、准备好的卡布奇诺咖啡及咖啡器具摆放在吧台上。

⑧咖啡服务：参照单品咖啡服务。

（三）咖啡的品饮

首先，要注意温度。"趁热喝"是品尝美味咖啡的必要条件，即使是在炎热的夏季也是一样的。咖啡冰凉时，风味就会降低。冲泡咖啡时，要事先将咖啡杯预热。咖啡的适当温度在冲泡时为83℃，倒入杯中时为80℃，而到口中时的温度为61℃~62℃，最为理想。

其次，要注意分量。一杯咖啡，通常只有七八分满。分量适中的咖啡不仅会刺激味觉，喝完后也不会有"腻"的感觉，反而回味无穷。同时，适量的咖啡能适度地促使身体消除疲劳。

最后，要注意浓淡。一般喝咖啡以80~100毫升为适量，有时候若想连续喝三四杯，就要将咖啡的浓度冲淡或加入大量的牛奶。要考虑到生理上的舒适度，也就是不要造成腻或恶心的感觉，而在糖分的调配上也不妨多些变化，使咖啡更具美味。

> **小知识**
>
> 爱尔兰咖啡的传说①
>
> 　　一个德国都柏林机场的酒保邂逅了一名长发飘飘、气质高雅的空姐，她那独特的神韵犹如爱尔兰威士忌般浓烈，久久地萦绕在他的心头。倾慕已久的他十分渴望能亲自为她调制一杯爱尔兰鸡尾酒，可惜，她只爱咖啡不爱酒。然而，由衷的思念让他顿生灵感，经过无数次的试验及失败，他终于把爱尔兰威士忌和咖啡巧妙地结合在一起，调制出香醇浓烈的爱尔兰咖啡。
>
> 　　一年后，他终于等到了这个机会——女孩点了爱尔兰咖啡。当他为她调制爱尔兰咖啡时，再也无法抑制住感情，幸福得流下了眼泪，他用眼泪在爱尔兰咖啡杯口画了一圈——第一口爱尔兰咖啡的味道，总是带着思念被压抑许久后发酵的味道。
>
> ——香醇浓烈的爱尔兰咖啡，适合思念心情的咖啡

三、其他软饮料服务

（一）碳酸饮料

1. 种类

碳酸饮料分为苏打型、水果味型、果汁型、可乐型。

2. 服务方式

（1）准备工作：准备酒水杯和饮料。

（2）服务饮料：按先宾后主、女士优先的原则，依次从客人右侧将饮料斟倒入客人餐具前的饮料杯中 3/4 处。

（3）添加饮料：随时观察客人的饮料杯，当发现客人杯中饮料仅剩 1/3 时，须立即询问客人是否需添加，如客人同意添加，开具饮料单为客人添加饮料；如客人不再添加饮料，等客人喝完饮料后，须从客人的右侧撤走空饮料杯。

（二）果蔬汁饮料

1. 种类

果蔬汁饮料分为浓缩果汁型、鲜榨果汁型。

2. 服务方式

（1）准备工作：准备果汁杯和新鲜果蔬。

（2）制作饮料：服务员将适量的新鲜果蔬放入果汁机内，榨取果汁，并倒入果汁杯中。

（3）服务饮料：按先宾后主、女士优先的原则，依次从客人右侧将饮料呈递给客人。

（三）乳品饮料

1. 种类

乳品饮料分为罐装型、瓶装型、壶装型。

---

① 蔡智恒. 爱尔兰咖啡［M］. 辽宁：万卷出版公司，2008.

2. 服务方式

虹蔬汁饮料的服务方式与碳酸饮料一致。

实训项目

项目一　酒水服务流程与标准

实训目标：能根据常规酒水服务流程与要求进行标准操作。

实训内容：酒水服务工作流程。

实训方法：理论实践一体化。

实训步骤：

（1）教师讲解操作要点和技巧；

（2）学生分组分项实训；

（3）情景模拟。

操作过程与考核要点如表4-1所示：

表 4-1

服务程序	操作过程及说明	考核要点	评分
迎客、引位	与客人问好，指引客人到吧台或卡座就座，并为其拉椅	1. 能否恰当迎接客人； 2. 能否正确引位； 3. 能否正确拉椅	
点酒与酒水推销	须熟练掌握酒水知识，在客人点酒时，介绍本餐厅提供的酒水与特点，以及询问客人的饮酒要求	1. 能否熟练地与客人沟通，推销酒水； 2. 能否有效记录客人的要求	
写单与取用酒水	在客人决定喝何种酒水后，服务员应正确填单，取用酒水，并检查其质量	1. 能否正确填写酒单； 2. 能否按照要求调制酒水； 3. 能否掌握检查酒水的方法	
酒水示瓶	服务员应向客人展示酒瓶和包装盒上的商标。 1. 服务员站在客人的右侧； 2. 左手托瓶底，右手持瓶颈； 3. 酒瓶的商标朝向客人，让客人辨认商标，直至客人点头认可	能否规范操作示瓶的流程	

表4-1(续)

服务程序	操作过程及说明	考核要点	评分
递送酒水	送给吧台前的客人，直接垫上杯垫，出品给客人；送给卡座上的客人，用托盘送上酒水，先将杯垫放在客人桌面，再将酒水放于杯垫上。拿去酒杯时不能接触杯口，递送酒水时须轻声说出酒水的名字	递送酒水的动作、语言及准备的用具是否规范	
添加酒水	时刻观察客人的饮用情况。在客人即将饮用完毕前，主动上前询问其是否需要添加酒水，添加时需要更换酒杯	1. 能否在合适的时机询问客人； 2. 是否更换酒杯	
结账送客	征询客人支付方式；打印消费单；请客人核实并支付；给客人拉椅送客，并提醒客人带齐随身物品	1. 结账的流程是否规范； 2. 送客动作及用语是否标准	

项目二　酒精饮料服务流程与技巧

实训目标：能根据不同酒精饮料的服务流程与要求进行标准操作。

实训内容：啤酒服务、葡萄酒服务、烈酒服务、白酒服务、开胃酒服务。

实训方法：理论实践一体化。

实训步骤：

（1）教师讲解操作要点和技巧。

（2）学生分组分项实训。

（3）情景模拟。

操作过程和考核要点如表4-2~表4-7所示：

一、啤酒服务标准与考核要点

表4-2

程序	标准	考核要点	评分
推销及准备工作	1. 须熟练掌握各种啤酒知识，在客人订啤酒时，介绍本餐厅提供的中外啤酒的特点，以及询问客人是否需要冰镇或常温啤酒； 2. 客人订完啤酒后，须立即到吧台取酒，不准超过5分钟； 3. 准备一块叠成12厘米见方的洁净口布； 4. 准备合适的杯子，并检查杯子是否洁净	1. 能否熟练地与客人沟通，推销酒水； 2. 能否有效记录客人要求； 3. 能否准备好相应物品，并及时取酒； 4. 能否取用正确的杯子，杯子是否洁净	

表4-2(续)

程序	标准	考核要点	评分
示酒	左手掌心放置叠成 12 厘米见方的口布,将啤酒瓶底放在口布上,右手扶住酒瓶上端,并呈 45°倾斜,酒瓶上的商标须朝向主人,为主人展示所点的啤酒	能否规范操作示瓶的流程	
开瓶	用开瓶器打开瓶盖,注意不要对着客人开瓶,瓶盖不能掉落	能否规范操作开瓶的流程	
斟酒	斟酒时应使酒液沿玻璃杯中心缓缓倒入或者将酒杯侧 45°倒入,再立直杯子快速倒入,使其产生泡沫	1. 斟酒动作的规范性; 2. 啤酒和泡沫的比例	
添酒	1. 随时为客人添加啤酒; 2. 当客人杯中啤酒仅剩 1/3 时,服务员须主动询问客人是否再需要添加;如客人不再加酒,须及时将倒空的酒瓶撤下台面; 3. 如主人同意添加,服务程序与标准同上	能否随时关注客人的饮用情况,并根据客人意愿添酒	

二、葡萄酒服务

(一)红葡萄酒服务标准与考核要点

表 4-3

程序	标准	考核要点	评分
准备工作	1. 客人订完红葡萄酒后,须立即到吧台取酒,不准超过 5 分钟; 2. 准备好酒篮,将一块洁净的口布铺在酒篮中; 3. 将红葡萄酒放在酒篮中,商标须向上; 4. 在客人的饮料杯右侧摆放红葡萄酒杯,间距 1 厘米,酒杯须洁净,无缺口、无破损	1. 能否及时取酒; 2. 能否准备好相应的物品	
示酒	1. 服务员须右手拿起装有红葡萄酒的酒篮,走到主人座位的右侧,向客人展示红葡萄酒或者徒手用口布拖住红葡萄酒的底部展示给客人; 2. 展示葡萄酒时需呈 45°倾斜,商标向上,请客人查看确认。客人确认后询问客人是否可以开启	能否规范操作示酒的流程	

表4-3（续）

程序	标准	考核要点	评分
开瓶	1. 使用海马刀的小刀，将葡萄酒的外圈封口的瓶盖完整取出。操作过程中，酒瓶不能旋转、晃动。 2. 使用海马刀的开塞钻，从木塞中央部位缓缓旋入至适当的位置（切不可钻透木塞）。随后利用二次杠杆的原理，分两次卡住酒瓶，拔出木塞。木塞要完好，尽量不要破损。 3. 用干净的餐巾擦拭瓶口，以去除木塞屑	1. 开瓶过程中酒瓶不转动； 2. 能完整取出外圈瓶盖； 3. 木塞完好，无过多木塞屑	
验酒塞	取下木塞后，服务员应先闻一下木塞，检查有无异味（如酸味等），并将木塞放在味碟中送至点酒客人面前供客人查看，如发现该酒不宜饮用，则应立即更换	能否规范操作，并与客人沟通	
试酒	征得点酒客人同意后为其斟倒酒杯的1/5的酒，让其试尝。斟酒前可用口布围住瓶颈，避免滴酒	1. 斟酒对象是否正确； 2. 斟酒量是否正确	
斟酒	当点酒客人品尝后，对酒表示满意，即可按先宾后主，女士优先的原则，按逆时针方向依次斟酒。斟酒时，用右手握住瓶子的下方或底部凹槽，不要挡住酒的正标。在杯口上方2厘米处的位置斟酒（注意不要碰到酒杯）。斟酒不宜过满，斟酒量在1/3至1/2之间。轻微旋转酒瓶底部，快速收瓶。最后用口布擦拭瓶口	1. 斟酒顺序是否正确； 2. 斟酒量是否正确，且每位客人斟酒量是否均等； 3. 斟酒动作是否规范； 4. 是否正确使用口布，有无滴酒	
添酒	1. 随时为客人添加红葡萄酒； 2. 当整瓶酒将倒完时，须询问主人是否再加一瓶，如果主人不再加酒，即观察客人，待客人喝完酒后，立即撤掉空杯； 3. 如主人同意再添加一瓶，服务程序与标准同上	能否随时关注客人的饮用情况，并根据客人意愿添酒	

（二）白葡萄酒服务标准与考核要点

表 4-4

程序	标准	考核要点	评分
准备工作	1. 客人订完白葡萄酒后，须立即到吧台取酒，不准超过 5 分钟； 2. 须在冰桶中放入 1/3 冰桶的冰块，再放入 1/2 冰桶的水后，将冰桶放在冰桶架上，并配有一条叠成 8 厘米宽的条状口布； 3. 将白葡萄酒放入冰桶中，商标须向上； 4. 在客人的饮料杯右侧摆放白葡萄酒杯，间距 1 厘米，酒杯须洁净，无缺口、无破损	1. 能否及时取酒； 2. 能否准备好相应的物品	
示酒	1. 将准备好的冰桶架、冰桶、白葡萄酒、口布条一次性拿到主人座位的右侧； 2. 左手持口布，右手持葡萄酒，将酒瓶底部放在条状口布的中间部位，再将条状口布两端拉起至酒瓶商标以上部位，并使商标全部露出； 3. 右手持用口布包好的酒，左手四个指尖轻托住酒瓶底部，送至客人面前，请客人看酒的商标，并询问客人是否可以开启	能否规范操作示瓶的流程	
开瓶	与红葡萄酒一致		
验酒塞	与红葡萄酒一致		
试酒	与红葡萄酒一致		
斟酒	与红葡萄酒一致，不同的是斟酒完后应立即放回冰桶冰镇		
添酒	与红葡萄酒一致		

三、烈酒服务标准与考核要点

表 4-5

程序	标准	考核要点	评分
准备酒杯及用具	1. 根据客人所点的烈酒品种，准备好相应的酒杯及用具 2. 酒杯须洁净，无破损、无水迹	1. 能否取用正确的酒杯及用具； 2. 酒杯及用具是否清洁	
准备烈酒	1. 根据客人订单，选取酒水，并检查酒水的完好及是否过期； 2. 根据客人要求选择相应辅料	1. 是否选对酒水，是否核验酒水； 2. 是否根据客人要求准备好相应辅料	

表4-5(续)

程序	标准	考核要点	评分
服务烈酒	1. 服务员须使用托盘,按先宾后主、女士优先的原则从客人的右侧为客人服务烈酒; 2. 在服务烈酒时,须根据客人的喜好添加冰块、水或附加饮料	1. 能否按照正确的顺序斟酒; 2. 能否斟倒合适的酒水,并且不洒溢; 3. 能否注意卫生操作; 4. 能否根据客人喜好添加附加材料	

四、白酒服务标准与考核要点

表4-6

程序	标准	考核要点	评分
准备工作	1. 客人订完白酒后,须立即到吧台取酒,不准超过5分钟; 2. 准备一块叠成12厘米见方的洁净口布; 3. 在客人的饮料杯右侧摆放白酒杯,间距1厘米,酒杯须洁净、无缺口、无破损	1. 能否及时取酒; 2. 能否准备好相应的物品	
白酒的展示	左手掌心放置叠成12厘米见方的口布,将白酒瓶底放在口布上,右手扶住酒瓶上端,并呈45°倾斜,商标须朝向主人,为主人展示所点的白酒	能否规范操作示瓶的流程	
白酒的服务	1. 征得客人同意后,在客人面前打开白酒; 2. 服务时,左手持方形口布,右手持白酒,按照先宾后主、女士优先的原则从客人右侧依次为客人倒酒;倒酒时,酒瓶商标须面向客人,瓶口不准贴杯口,以免有碍卫生及发出声响; 3. 白酒倒入客人酒杯的4/5处即可; 4. 倒完一杯酒时,须轻轻转动瓶口(避免酒滴在台布上),再用左手中的口布擦一下瓶口	1. 能否遵守在客人面前开瓶的原则; 2. 能否按照正确的顺序斟酒; 3. 能否斟倒合适的酒水,并且不洒溢; 4. 能否注意卫生操作; 5. 能否根据客人喜好添加附加材料	
白酒的添加	1. 随时为客人加酒; 2. 当整瓶酒将倒完时,须询问主人是否再加一瓶,如果主人不再加酒,及时将空酒杯撤掉; 3. 如主人同意再加一瓶,服务程序与标准同上	能否随时关注客人的饮用情况,并根据客人意愿添酒	

五、开胃酒服务标准与考核要点

表4-7

程序	标准	考核要点	评分
准备物品	1. 根据客人订单，服务员须准备充足的酒杯、口布、杯垫，且酒杯须洁净，无破损、无水渍，口布须洁净，无破损、无褪色、无毛边； 2. 根据客人的订单准备吸管和搅棒； 3. 将盛有开胃酒的酒杯放置在托盘右侧，盛有配酒的特制玻璃扎放在托盘左侧	1. 能否及时取酒； 2. 能否准备好相应的物品	
服务酒水	1. 服务开胃酒时，服务员须用右手从客人右侧，依据先宾后主、女士优先的原则，按顺时针方向服务； 2. 倒配酒时，服务员须询问客人所需配酒的用量； 3. 倒完配酒后，须用搅棒将开胃酒调和均匀，然后将配酒和搅棒放置一旁，示意客人开胃酒已调制好； 4. 再次为客人服务开胃酒时，须准备新的酒杯和配酒	1. 能否按照正确的顺序斟酒； 2. 能否斟倒合适的酒水，并且不洒溢； 3. 能否与客人互动沟通； 4. 能否注意卫生操作； 5. 准备好相应物品，提供再次服务	

项目三　非酒精饮料服务流程与技巧

实训目标：能根据饮料的服务流程与要求进行标准操作。

实训内容：茶饮服务、咖啡服务、果蔬及碳酸饮料服务、乳饮料及矿泉水服务。

实训方法：理论实践一体化。

实训步骤：

（1）教师讲解操作要点和技巧；

（2）学生分组分项实训；

（3）情景模拟。

操作过程与考核要点如表4-8~表4-14所示：

一、茶饮服务

（一）玻璃杯冲泡绿茶

表 4-8

程序	标准	考核要点	评分
准备用具	1. 备水：选择纯净水，水烧开后降温到 70℃~80℃； 2. 备器：玻璃杯、随手泡、茶拨、赏茶荷、茶巾、废水缸、茶叶罐	能否及时准备好相应的物品并摆放好茶具	
翻杯	将茶杯翻开，以示迎客	能否正确操作翻杯	
取茶、赏茶	取出适量茶叶放到赏茶荷，并给客人观赏	取茶量及动作是否规范	
温杯	将水注入杯中三分之一，缓慢地顺时针方向最大限度地转动杯子以温润杯壁，保持水不流出	温杯动作是否规范	
投茶	用茶拨将茶叶缓慢拨入杯中	投茶量和动作是否规范	
温润泡	注入少量水（刚没过茶叶为宜），缓慢的顺时针方向转动杯子，使茶叶充分浸润	注水及温润茶叶动作是否规范	
冲泡	以"凤凰三点头"的手法注入水至八分满，让茶叶在水中充分舒展	"凤凰三点头"的动作是否规范	
奉茶	双手捧杯举到额头将茶奉给客人	奉茶动作是否规范	

（二）盖碗冲泡红茶

表 4-9

程序	标准	考核要点	评分
准备用具	1. 备水：选择纯净水，水烧开后降到 80℃~90℃； 2. 备器：盖碗、公道杯、随手泡、品茗杯、滤网、茶拨、赏茶荷、茶巾、废水缸、茶叶罐	能否及时准备好相应的物品并摆放好茶具	
翻杯	将茶杯翻开，以示迎客	能否正确操作翻杯	
取茶、赏茶	取出适量茶叶放到赏茶荷上，并给客人观赏	取茶量及动作是否规范	
温杯具	往盖碗、公道杯中注入沸水，将公道杯中的水倒入茶杯，清洁、消毒盖碗的同时，提高盖碗的温度	温杯具动作是否规范	
投茶	用茶拨将茶叶缓慢拨入盖碗中	投茶量和动作是否规范	

表4-9（续）

程序	标准	考核要点	评分
温润泡	注入少量水（以刚没过茶叶为宜），缓慢地顺时针方向转动杯子，使茶叶充分浸润	注水及温润茶叶动作是否规范	
冲泡	往盖碗注入水，让茶叶在水中充分舒展。盖上盖碗，闷泡一会儿	冲泡动作是否规范，冲泡时间把握是否得当	
出汤	将碗盖拨开一个缝隙，将茶汤快速倒出至公道杯。将公道杯中的茶汤分别倒入茶杯中至七分满	出汤动作是否规范，茶汤是否为七分满	
奉茶	双手捧杯举到额头将茶奉给客人	奉茶动作是否规范	

（三）紫砂壶冲泡乌龙茶

表4-10

程序	标准	考核要点	评分
准备用具	1. 备水：选择纯净水，沸水烧开至100 ℃； 2. 备器：紫砂壶、随手泡、品茗杯、闻香杯、茶拨、茶夹、赏茶荷、茶巾、废水缸、茶叶罐	能否及时准备好相应的物品并摆放好茶具	
翻杯	将茶杯翻开，以示迎客	能否正确操作翻杯	
取茶、赏茶	取出适量茶叶放到赏茶荷上，并给客人观赏	取茶量及动作是否规范	
温杯具	往壶中注入沸水，将壶中的水依次倒入品茗杯和闻香杯中，清洁、消毒杯具的同时，提高杯具的温度	温杯具动作是否规范	
投茶	用茶拨将茶叶缓慢拨入壶中	投茶量和动作是否规范	
洗茶	注水入壶到满为至，盖上壶盖后立即将茶水倒入品茗杯和闻香杯中	洗茶动作是否规范	
冲泡	将沸水冲入壶中，盖上壶盖，注意时间（以所泡茶叶的品质而定）	冲泡动作是否规范，冲泡时间把握是否得当	
出汤	将品茗杯和闻香杯中的头道茶汤倒掉，执起茶壶，先将壶底部在茶巾上沾一下，拭去壶底的水滴，将茶汤依次倒入闻香杯中	出汤动作是否规范	
奉茶	将品茗杯倒扣在闻香杯上，再将品茗杯和闻香杯一起倒扣，双手捧杯举到额头将茶奉给客人。客人饮用时先取出闻香杯进行闻香，再品茗	奉茶动作是否规范	

（四）英式茶服务

表 4-11

程序	标准	考核要点	评分
准备用具	1. 茶壶须洁净，无茶锈、无破损、无水渍、无指印； 2. 茶杯、茶碟、茶勺须洁净，无茶锈、无破损、无水渍； 3. 奶盅、糖盅须洁净，无异物、无破损。奶盅内倒入 2/3 的新鲜牛奶，糖盅内放入白砂糖、蔗糖、健康糖；袋糖无凝固、无破漏、无污迹、无水渍	1. 能否及时准备好相应的物品； 2. 是否检查奶、糖、茶叶质量。	
准备茶水	1. 沏茶的水须是沸水； 2. 在茶壶内放入一袋无破漏、洁净的英国茶； 3. 沏茶时，须将沸水倒至壶中 4/5 处为止	1. 是否使用沸水沏茶； 2. 是否正确投放茶包； 3. 是否正确倒入沸水	
茶水服务	1. 服务员将酒水员制作好的茶及准备好的茶具等依次摆放在服务托盘内，且托盘须洁净，无破损、无水渍、无污迹； 2. 服务员须将茶杯、茶碟、茶勺依次摆放在客人面前的吧桌台面上，且茶勺手柄须朝右，茶杯手柄须与客人平行；将奶盅、糖盅摆放在台面的中央处，由客人自己添加糖和牛奶； 3. 服务茶水时，服务员须按先宾后主、女士优先的原则，从客人右侧将茶水倒入杯中，茶水须倒至茶杯的 4/5 处为止，四指并拢、手心向上，用手示意并请客人慢慢饮用；为客人斟倒完茶水后，将茶壶放置在台面的中央处； 4. 当茶壶内茶水剩 1/3 时，服务员须主动上前为客人添加开水	1. 能否正确理盘； 2. 能否正确端茶上桌； 3. 能否按照正确的顺序倒茶； 4. 能否斟倒合适的茶水，并且不洒溢； 5. 能否与客人互动沟通； 6. 能否注意卫生操作； 7. 是否摆放好茶具； 8. 能否随时关注客人的饮用情况，并随时为客人添水	

二、咖啡服务

表 4-12

程序	标准	考核要点	评分
准备工作	1. 根据客人订单，在相应数量的洁净的奶盅中倒入七分满的鲜奶或淡奶； 2. 将插满白糖、黄糖、健康糖的糖盅和奶盅放在垫有压花纸的托盘中，且托盘须洁净、无破损、无水渍、无污迹； 3. 准备好相应数量的咖啡杯、咖啡碟、咖啡勺，且咖啡杯、咖啡碟须洁净、无破损、无咖啡渍，咖啡勺须洁净、光洁、无水渍	1. 能否及时准备好相应的物品； 2. 是否注意卫生操作	
咖啡的制作	1. 准备好制作咖啡用的咖啡粉，且咖啡粉须新鲜、无杂质、无异味； 2. 先将咖啡机中盛装咖啡粉的容器取下，在容器内铺垫一张咖啡过滤纸，然后将一定量的咖啡粉倒入容器，并放回到咖啡机内； 3. 按下操作按钮； 4. 咖啡制作好后，咖啡机自动关闭	能否根据咖啡机的操作要求制作出咖啡	
服务咖啡	1. 服务员将酒水员制作、准备好的咖啡及准备好的咖啡器具等依次摆放在服务托盘内，且托盘须洁净、无破损、无水渍、无污迹； 2. 服务咖啡时，服务员须按先宾后主、女士优先的原则，从客人右侧将咖啡杯、咖啡碟、咖啡勺等器具依次摆放在客人面前的台面上，且咖啡勺把须朝向右侧；并将制作好的咖啡倒入咖啡杯中，八分满即可，严禁将咖啡洒在咖啡碟上，同时四指并拢、手心向上用手示意并请客人慢慢饮用	1. 能否正确理盘； 2. 能否正确端咖啡上桌； 3. 能否注意卫生操作； 4. 是否注意礼仪礼节	
添加咖啡	1. 当客人咖啡杯中的咖啡仅剩 1/5 时，服务员须主动询问客人是否再制作、添加一杯咖啡； 2. 如客人需要，须迅速为客人制作、添加咖啡，标准同上； 3. 如客人不需要，待客人饮用完后，将空咖啡杯及咖啡用具等及时撤掉	能否随时关注客人的饮用情况，并随时为客人添咖啡或撤走空杯	

表4-12(续)

程序	标准	考核要点	评分
注意事项	1. 咖啡服务时,服务员不准用手触摸杯口; 2. 同一桌的客人使用的咖啡杯,须大小一致,配套使用; 3. 服务员须主动、及时征询客人,为客人制作咖啡,向其提供添加咖啡的服务		

三、果蔬及碳酸饮料服务

表4-13

程序	标准	考核要点	评分
取饮料	1. 主人订完饮料后询问客人是否需要冰镇或常温饮料,服务员去吧台取饮料; 2. 在托盘中摆放饮料:根据客人的座次顺序摆放,第一客人的饮料须放在托盘的远离身体侧,重的饮料放在托盘的里侧; 3. 取饮料的时间不准超过5分钟。	1. 能否正确记录客人的饮用温度要求; 2. 能否正确理盘; 3. 能否即使取出饮料。	
饮料的展示	服务员将酒水车推至客人的右侧,用右手从酒水车中取出饮料,然后在左手掌心放置叠成12厘米见方的口布,将客人所点的饮料瓶底放在口布上,右手扶住饮料上端,并呈45°倾斜,饮料的商标须朝向客人,为客人展示所点的饮料。	是否正确操作展示饮料	
饮料服务	1. 饮料取回后,左手托托盘,右手从托盘中取出饮料,按先宾后主、女士优先的原则,依次从客人右侧将饮料斟倒入客人餐具前的饮料杯中3/4处; 2. 斟倒饮料速度不宜过快,瓶口不准对着客人,避免可乐、啤酒等含气体的软饮料溢出或溢出的泡沫溅着客人,同时饮料的商标须面向客人;对同一桌的客人须在同一时间段内按顺序提供饮料服务; 3. 服务员须将所剩饮料瓶和饮料罐放在客人饮料杯的右侧,间距为2厘米,同时四指并拢、手心向上用手示意并请客人慢慢品尝。	1. 能否正确理盘; 2. 能否按照正确的顺序、适量的原则斟倒饮料; 3. 是否注意卫生操作; 4. 是否正确摆放饮料和杯子; 5. 是否注意与客沟通的礼仪礼节。	

表4-13(续)

程序	标准	考核要点	评分
添加饮料	随时观察客人的饮料杯，当发现客人杯中饮料仅剩 1/3 时，须立即询问客人是否需添加，如客人同意添加，开据饮料单为客人添加饮料；如客人不再添加，等客人喝完饮料后，须从客人的右侧撤走空饮料杯。	1. 能够正确填写饮料单；2. 能否随时关注客人的饮用情况，并随时为客人 添加饮料或撤走空杯。	

四、乳饮料服务

表4-14

服务程序	操作标准及说明	考核要点	评分
热可可奶	1. 取一洁净，无水迹、无破损的小瓷壶，将热牛奶加至小瓷壶的 3/4 处；2. 在小瓷壶内加入一定量的可可粉，搅拌均匀；3. 服务时，服务员须准备一套咖啡杯、咖啡碟、咖啡勺摆放在客人餐具右侧，且咖啡杯、咖啡碟、咖啡勺须洁净、无破损、无水渍、无污迹；4. 将热可可奶倒入杯中，将瓷壶放在咖啡杯的右侧	1. 能否准备好所需物品；2. 是否加入适量可可粉；3. 能否正确理盘、摆放物品。4. 能否按照适量的原则斟倒饮料；5. 是否注意卫生操作；6. 是否正确摆放饮料和杯子；7. 是否注意与客沟通的礼仪礼节	
冷可可奶	1. 制作冷可可奶须使用长饮杯，且长饮杯须洁净、无水迹、无破损；2. 将牛奶加至杯中 2/3 处，加入适量的可可粉；3. 在杯中加入适量的冰块使可可奶冷却；4. 服务时须配吸管、糖水及杯垫；5. 须先将杯垫摆放在客人的餐盘的右侧，杯垫上的店徽面向客人，然后将盛有冷可可奶的长饮杯放在杯垫上，杯子右侧摆放吸管，糖水放在长饮杯右侧，以方便客人自己取用	1. 能否准备好所需物品；2. 是否加入适量可可粉；3. 能否正确理盘、摆放物品。4. 能否按照适量的原则放入冰块；5. 是否注意卫生操作；6. 是否正确摆放饮料和杯子；7. 是否注意与客沟通的礼仪礼节	

◇拓展阅读

服务员推销技巧的三要点

1. 餐厅服务员要针对不同用餐者的身份及用餐性质，进行有重点的推销

一般来说，家庭宴席讲究实惠的同时也要有些特色。这时，服务员就应把经济实惠的大众菜和富有本店特色的菜介绍给客人。客人既能吃饱、吃好，又能品尝独特风味。

而对于谈生意的客人，服务员则要掌握客人摆阔气、讲排场的心理，无论推销酒水、饮料、食品都要讲究高档，这样既显示了就餐者的身份又显示了其经济实力。同时，服务员还要为其提供热情周到的服务，使客人感到自己受到重视，在这里用餐很有面子。

2. 餐厅服务员要学会察言观色，选准推销目标

餐厅服务员在为客人服务时要留意客人的言行举止。一般外向型的客人是服务员推销产品的目标。另外，若接待有老者参加的宴席，则应考虑到老人一般很节俭，不喜欢铺张，所以不宜直接向老人进行推销。要选择健谈的客人为推销对象，并且以能够让老者听得到的声音来推销，这么一来，无论是老人还是其他客人都容易接受服务员的推销建议，有利于推销成功。

3. 餐厅服务员要灵活运用语言技巧，达到推销目的

语言是一种艺术。不同的语气，不同的表达方式会收到不同的效果。例如，服务人员向客人推销饮料时，可以有以下几种不同的询问方式：一问，"先生，您用饮料吗？"二问，"先生，您用什么饮料？"三问，"先生，您用啤酒、饮料、咖啡或茶？"很显然第三种问法为客人提供了几种不同的选择，客人很容易在服务员的诱导下选择其中一种。可见，第三种推销语言更有利于成功推销。因此，运用语言技巧，可以大大提高推销效率。

推销酒水的基本技巧：

在推销前，服务人员要牢记酒水的名称、产地、香型、价格、特色、功效等内容，回答客人疑问要准确、流利。含糊其词的回答会使客人对餐厅所受酒水的价格、质量产生怀疑。

在语言上也不允许用"差不多""也许""好像"等词语。例如在推销"××贡酒"时应该向客人推销："先生，您真有眼光，××贡酒是我们餐厅目前销售最好的白酒之一，它之所以深受客人的欢迎，是因为制作贡酒所用的矿泉水来自当地一大奇观'××泉'。××贡酒属于清香型酒，清香纯正，入口绵爽，风味独特，同时还是您馈赠亲朋好友的上好佳品，我相信它一定会令您满意的。"

◇英文服务用语

1. **迎客**（welcoming guests）

欢迎光临我们的酒吧。Welcome to our bar.

这边走。This way please.

楼上客满。Full upstairs.

那边有空座位。There are vacant seats.

坐这里可以吗？Would you like to sit here?

您预订座位了吗？Do you have a reservation?

这里可以存包。You can leave your bag here.

2. **点单**（taking orders）

您现在要点单吗？Are you ordering now?

可以重复一下您的订单吗？May I repeat your order?

您点的是……Your order is …

请稍等！Just a moment, please!

净饮 straight up

加冰 with ice

不加冰 without ice

加水 with water

出品 presenting

3. **服务客人**（servcing the guests）

打扰了！这是您的啤酒（咖啡）。Excuse me! Here is your beer/coffee.

请慢用！Please enjoy your drink!

还需要些什么吗？Would you like anything else?

我可以拿走这个杯子（瓶子/椅子）吗？May I take this glass/bottle/chair away?

再要一轮。One more round.

再要一杯啤酒吗？Would you like one more beer?

对不起，让您久等了。Sorry to have kept you waiting, sir.

我可以过去吗？May I go through?

这是我的荣幸。It's my pleasure.

4. **结账**（settle the bill）

这是您的账单，总共是 1 000 元。Here's the Bill. The total comes to 1 000 Yuan.

请您稍等，我给您找钱. Please wait a moment，I will give you change.

先生，这是找给您的钱. Here's your change，sir.

分单还是一张单？Separate bill or one bill?

您是付现金还是刷卡呢？Will you pay in cash or by card?

请签单。Please sign the bill.

5. **送客**（seeing the guests out）

希望您在这过得愉快。I hope you enjoy your stay here.

玩得愉快！Have a good time！

晚安，再见！Good night and bye bye.

感谢您的光临。Thank you for your coming.

希望您再次光临！I hope to see you again！

◇考核指南

一、知识项目

1. 各类酒水服务的技巧。

2. 根据酒水的特点表述服务流程。

3. 酒水品鉴的要点。

二、实训项目

1. 酒精饮料的服务技巧及流程。

2. 无酒精饮料的服务技巧及流程。

模块五　鸡尾酒调制

◇**学习目标**

●知识目标

➢了解鸡尾酒的基本知识

➢了解各种鸡尾酒不同的调制方法

➢了解鸡尾酒的结构及创作原则

➢鸡尾酒装饰物的制作

●能力目标

➢熟练掌握四种调酒的基本手法

➢掌握鸡尾酒的结构及创作思路

➢如何创作鸡尾酒

◇**项目导入**

　　鸡尾酒来源于欧洲的混合酒饮。鸡尾酒（cocktail）一词最早诞生在 1806 年。在美国实行禁酒令之后发展迅猛，促使鸡尾酒的调配创作多姿多彩，花样层出不穷，深受大众的喜爱。鸡尾酒经过 200 多年的发展，诞生了许多优秀的鸡尾酒，它被无数人赞誉，传承至今，成为永恒不变的经典。

　　鸡尾酒，也是想象力的杰作。鸡尾酒的本性，已经决定了它必将是一种最受不得任何约束与桎梏的创造性事物。现代鸡尾酒已不再是若干种酒及乙醇饮料的简单混合物。调酒师可以根据市场的需求和人们口味的变化，设计出不同于经典鸡尾酒的佳作，赋予其独特的想象力和现代的审美观。

　　本模块将带领大家一起学习鸡尾酒的基本知识和调制方法，掌握经典鸡尾酒和创意鸡尾酒的调制要领，并能创造出符合现代需求的鸡尾酒。

知识项目

项目一 鸡尾酒认知

一、鸡尾酒的定义

鸡尾酒（cocktail）是一种混合饮品，是由两种或两种以上的酒或饮料、果汁、汽水混合而成。通常是一种量少且需要冰镇的酒。它是以朗姆酒、金酒、龙舌兰、伏特加、威士忌等烈酒或是葡萄酒作为基酒，再配以果汁、蛋清、苦精、牛奶、咖啡、可可、糖等其他辅助材料，通过加冰再搅拌或摇晃调制而成的一种冰镇饮料，最后还可用柠檬片、水果或薄荷叶作为装饰物。

二、鸡尾酒的分类

鸡尾酒的分类方法有很多。根据鸡尾酒的调制类别可以分为以下三种：

（一）简单基础类

简单基础类是鸡尾酒调制中最基础的类别。1 种酒+1 种饮料＝完整的一杯鸡尾酒。简单是指酒的配方构架简单，但操作起来一点都不简单。常见的酒品有：

威士忌 Whisky+苏打水 soda water ＝威士忌苏打 Whisky Soda

朗姆 Rum+可乐 cola＝自由古巴 Cuba Liber

金酒 Gin+汤力水 tonic water ＝金汤力 Gin tonic

伏特加 Vodka+干姜水 ginger water ＝莫斯科骡子 Moscow Mule

白兰地 Brandy+干姜水 ginger water ＝马颈 Horse Neck

（二）酸甜类

酸甜类是鸡尾酒调制中最常见的鸡尾酒类型，在这个基本构架中可以延伸出非常多的风味鸡尾酒。1 份酸+1 份甜+1 份基酒＝完整口味的鸡尾酒。很多经典鸡尾酒都是以这样的1+1＝1搭配而成。以柠檬作为酸味，君度作为甜味，再变换不同的基酒，就能变换出几款不同经典鸡尾酒。所以说在变换基酒之前的酸甜味均衡非常重要。常见的酒品有：

	+白兰地 Brandy ＝边车 Side car
君度（甜味）+柠檬汁（酸味）	+ 朗姆 Rum　　　＝ XYZ
	+ 伏特加 Vodka ＝ 巴拉莱卡 Balalaika
	+ 金酒 Gin　　　＝ 白领丽人 White Lady
	+ 朗姆 Rum　　　＝ 得其利 Daiquiri
糖浆（甜味）+柠檬汁（酸味）	
	+ 金酒 Gin　　　＝ 吉姆雷特 Gimlet

（三）非酸甜类（古典类）

非酸甜类也称为古典类，是指酒体的配方构架中没有加入甜和酸的酒类。这类的酒搭配的灵活度高，难度大，口感也较丰富。常见的酒品有：

金酒 Gin+味美思 Vermouth ＝马天尼 Martini

伏特加 Vodka+咖啡甜 Coffee Liqueur ＝黑俄罗斯 Black Russian

威士忌 Whisky+杏仁甜＝教父 Godfather

威士忌 Whisky+味美思 Vermouth＝曼哈顿 Manhattan

（四）鸡尾酒在中国的时代演变

1. 鸡尾酒的起源

欧洲混合酒饮的记载可以追溯到 15 世纪。鸡尾酒（cocktail）一词最早诞生在 1806 年。在美国实行禁酒令之后，人们为了满足酒瘾而不容易被发现，故而将多种果蔬饮料混合了烈酒，口感上不太喝得出。后来人们发现这样的饮品好喝又很有新意。鸡尾酒尤其受到广大女性朋友的喜爱。混合酒饮的鸡尾酒一度盛行，促使鸡尾酒的调配创作多姿多彩，花样层出不穷。

2. 中国鸡尾酒萌芽阶段

中国的鸡尾酒文化兴起于 20 世纪 90 年代，最早出现于国际酒店的酒吧内。因为当时的经济水平及市场条件有限，所以鸡尾酒文化还处于萌芽阶段。

3. 中国鸡尾酒发展阶段

1996—2006 年是花式调酒师与夜店鸡尾酒的繁荣阶段。当时最有名的鸡尾酒有：轰炸机B-52、林宝坚尼、冰火系列酒。那时人们对鸡尾酒的认识就是色彩艳丽、造型夸张。当时酒吧招聘调酒师的标准首要看其是否会抛瓶、会杂耍。

4. 中国鸡尾酒的转折点

2007 年花式调酒达到了巅峰状态，这一年同时也是鸡尾酒发展的转折点。过去由于西方酒吧文化传播的迅猛，避免不了一些认识的局限性和功利性。有的调酒师专注表演甚至超过了调制酒的品质本身，本末倒置。从这一年开始随着鸡尾酒文化的普及，很多人都认识并了解了真正的鸡尾酒文化。

5. 花式调酒没落，英式调酒开始流行

不论花式调酒还是英式调酒抑或日式调酒，终归还是调酒，酒才是本质。人们从只注重调酒的外在开始关注酒品的内在，就是一种进步，一种发展。

项目二　鸡尾酒调制的基本方法

一、调和法

1. 定义

调和法是鸡尾酒调制过程中最常见的鸡尾酒调制方法之一，一般使用吧匙和调酒杯。它可以分为两种：一种是直接调

调和法制作马天尼鸡尾酒

和法（不滤冰），另一种是滤冰调和法。

（1）直接调和法

①选取所需的载杯（一般为平底杯）。

②在载杯中加入适量冰块。

③用量酒器量入酒水。

④用吧匙旋转搅动至杯身起霜。

（2）滤冰调和法

①调酒杯中加入适量冰块。

②用量酒器量入酒水。

③用吧匙旋转搅动至杯身起霜。

④取出吧匙，在调酒杯口扣上滤网，将调好的酒滤入载杯。

2. 操作方法

左手放平用拇指和食指扶住调酒杯，用右手的中指和无名指夹住吧匙中间带螺纹的柄，用拇指和食指拿住吧匙的上部，用手指轻轻搓动匙柄，巧妙利用冰的惯性，使吧匙背贴杯壁内侧顺时针方向旋转，搅动时只有冰块在转动，搅拌 10 多次即可。如图 5-1、图 5-2、图 5-3 所示。

（a）

（b）

图 5-1　滤冰调和法

图 5-2　直接调和法　　　　　　　　　　图 5-3　手持吧匙方法

二、摇和法

1. 定义

摇和法是鸡尾酒调制过程中最常见的鸡尾酒调制方法之一，也是最能表现调酒师的调酒技巧的一种鸡尾酒调制方法。摇和法有单手摇和双手摇两种方法。一般使用摇酒壶。最常见的两种摇酒壶分别是英式的雪克壶和美式的波士顿壶。雪克壶又称为三段式摇壶，分别由壶身、过滤器、壶盖三部分组成。根据容量大小不同，有 250 毫升、350 毫升和 530 毫升三种规格。它主要用于摇和一些容易混合，又不需要太多水分予以稀

摇和法操作微课

释的鸡尾酒。其特点是空间小，稀释水分少，易操作。波士顿壶又称为花式摇壶，在花式调酒中经常用到。它由上下两厅构成，容量一般为 750 毫升。它主要用于摇和一些分量较大、较难混合的鸡尾酒。其特点是空间大，容易混合起泡。

2. 操作方法

（1）雪克壶摇和法

使用雪克壶要注意，盖壶的时候先盖中间的过滤器，再盖上壶盖。雪克壶的使用一般分为单手摇和和双手摇和。

单手摇和：用右手食指扣住壶盖，中指压住壶颈，其他手指夹紧壶身，手掌心放空，避免热量传递加速冰块熔化。摇壶时，以手腕发力，左右摆动摇壶，同时手臂在身体右侧自然摆动。如图 5-4、图 5-5 所示：

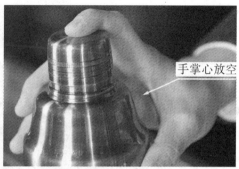

手掌心放空

图 5-4 单手握壶法

图 5-5 单手摇和法

双手摇和：用右手的拇指扣住壶盖，其余手指扶住壶身，左手拇指压住壶颈，其余手指托住壶底及壶身，手掌心放空。摇壶姿势要注意大方美观，不妨碍到客人，可将摇壶拿到身体一侧。双手摇和通常分为一段、二段和四段摇法。一段摇法，摇酒壶向斜上方摇出，向斜下方拉回胸前，摇出拉回的过程中，双手手腕前后摆动，富有节奏地摇晃摇壶，反复摇动。二段摇法是在一段摇法的基础上，由一个点增加到两个点，其运动轨迹为上面一个点摇出拉回，下面一个点再摇出拉回，富有节奏地上下摇晃。四段摇法也叫硬摇法。在二段摇法的基础上，由两个点增加到四个点，其运动轨迹为"上—中—下—中"四个点反复摇出拉回。如图 5-6~图 5-8 所示。

图 5-6　双手握壶法

图 5-7　双手摇和法

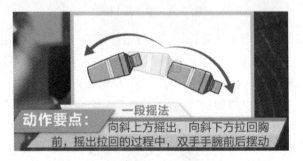

图 5-8　(a)

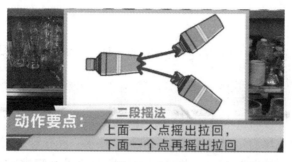

图 5-8（b）

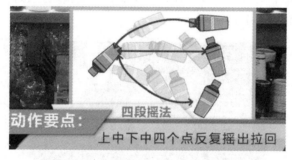

图 5-8（c） 一段、二段、四段摇法图解

（2）波士顿摇壶摇和法

波士顿壶分为上下两个厅，盖壶的时候要注意上厅的一侧沿着下厅的同一侧，成一条直线盖下去。切不可直套，以免造成摇和过程中酒液飞溅。

因波士顿壶体积较大，通常使用双手摇和。在这里介绍一种常用的手法——捧摇法。握壶时，一手握住下厅底部，一手握住上厅顶部，握牢。摇酒壶的位置在身体侧前方。捧摇法应该上下摇晃，而不是左右摇晃。摇晃时，要有节奏感，可以听到壶中冰块的撞击声。如图 5-9 所示。

图 5-9 波士顿摇和法

三、兑和法

1. 定义

兑和法是使用吧匙将不同密度的酒类分别倒入杯中使其分层的手法。通常用来调制彩虹鸡尾酒（分层鸡尾酒）。

2. 操作方法

将酒水按配方分量直接量入酒杯中，按该款鸡尾酒的要求用酒吧匙搅拌或不搅拌。调制彩虹鸡尾酒（分层鸡尾酒）时，按照鸡尾酒配方要求，先在彩虹鸡尾酒杯中量入第一层酒水的量，然后用酒吧匙贴紧杯壁，将余下的酒按顺序沿酒吧匙缓缓倒入杯中，不能混合。兑和法要求操作时，心境要平静，动作要平稳，不能操之过急，成品要求每层厚度要均匀，每层之间不能混合，分层清晰。

图 5-10　兑和法

四、搅和法

1. 定义

搅和法是用电动搅拌机进行酒水混合的一种鸡尾酒调制方法，多用来调制难以混合的含有果汁的鸡尾酒。搅和法多用于酒会。因酒会上人数较多，一次性调数量较多的鸡尾酒，相对来说搅和法更方便。

2. 操作方法

第一步，准备好原料，冰块要先加工成碎冰，水果要切成小块。

第二步，在电动搅拌机中加入碎冰和水果块，用量酒器量入各种酒水原料。

第三步，盖上盖子，打开电源开关。

第四步，注意观察搅拌机的情况，当其发出均匀的嗡嗡声时，可关闭开关。

第五步，打开盖子，冰应该搅成粗粒状，水果应搅成果浆状。

第六步，取下电动搅拌机的杯子部分，将饮品盛入载杯中。操作时必须用碎冰，以免损坏电动搅拌机中的刀片；因为电动搅拌机转速很快，因此只能用点击的方法操作，不能长按电动搅拌机开关键，不然很容易烧坏电动搅拌机。如图 5-11 所示。

图 5-11　搅和法

项目三　鸡尾酒装饰物的制作

鸡尾酒装饰物制作微课

一、鸡尾酒装饰物的分类

（一）果蔬类原料

1. 蔬菜类

（1）黄瓜（cucumber）

（2）番茄（tomato）

（3）芹菜（celery）

（4）洋葱（cocktail onion）

2. 水果类

（1）樱桃（cherry）

（2）橙子（orange）

（3）柠檬（lemon）

（4）菠萝（pineapple）

（5）草莓（strawberry）

（6）西瓜（watermelon）

（7）橄榄（olive）

（二）花草类原料

（1）薄荷（peppermint）

（2）小茴香（cumin）

（3）薰衣草（lavender）

（三）调味类原料

（1）丁香（clove）

（2）豆蔻（nutmeg）

（3）胡椒（pepper）

（4）肉桂（cinnamon）

（5）辣椒（cayenne pepper）

二、鸡尾酒装饰物的制作方法

1. 水果装饰法

将水果洗净消毒，然后削皮成条状挂于杯口或用酒吧签串穿水果挂于杯口。

2. 蔬菜花草装饰法

将蔬菜花草洗净消毒，然后裁剪制作成装饰物。

3. 饰品装饰法

将樱桃串于花色吸管插于杯口；将红樱桃或橙片、橙角用小洋伞插于杯口。

4. 杯口装饰法

将杯口涂抹上一层柠檬汁，然后将杯子翻盖于糖粉或盐粉上，使杯口粘上一层薄薄的糖粉或盐粉。

三、鸡尾酒装饰物的搭配原则

装饰物口味要与鸡尾酒口味相协调；装饰物颜色要与鸡尾酒颜色相协调；装饰物形状要与鸡尾酒的造型相协调。

项目四　经典鸡尾酒与创意鸡尾酒

一、经典鸡尾酒

鸡尾酒最初来源于欧洲的混合酒饮，最早诞生在 1806 年。经过 200 多年的发展，诞生了许多优秀的鸡尾酒品类，它被无数人赞誉，传承至今，成为永恒不变的经典。学习经典鸡尾酒的调制需要遵循它固定的配方，将其与现代人的审美方式相结合。

（一）马天尼（Martini）

（1）由来：马天尼鸡尾酒的原型是金酒与一种酒混合。19 世纪下半叶，金酒加入意大利马天尼·罗西公司生产的 Martini Vermouth，此鸡尾酒因色泽澄清呈浅金黄色，口味甘冽，于是，就被调酒师称为 Martini Cocktail——马天尼鸡尾酒。

（2）配方

①传统马天尼（干马天尼）：金酒（Gin）1.5 盎司（约 45 毫升）、干味美思（Dry Vermouth）5 滴（约 7 毫升），基酒和辅料可按照 6∶1 的比例调整。

②甜马天尼：金酒（Gin）1 盎司（约 30 毫升）、甜味美思（Sweet Vermouth）2/3 盎司（约 20 毫升），基酒和辅料可按照 1.5∶1 的比例调整。

③中性马天尼（完美马天尼）：金酒（Gin）1 盎司（约 30 毫升）、干味美思（Dry Vermouth）1/2 盎司（约 15 毫升）、甜味美思（Sweet Vermouth）1/2 盎司（约 15 毫升），

基酒和辅料可按照 2 : 1 : 1 的比例调整。

（3）载杯：马天尼杯。

（4）装饰物：橄榄、黄柠皮喷香。

（5）调制方法：滤冰调和法。

如图 5-12 所示：

干马天尼

（二）曼哈顿（Manhattan）

（1）由来：传说曼哈顿鸡尾酒的产生与美国纽约的曼哈顿有关。英国前首相丘吉尔的母亲是含有四分之一印第安血统的美国人，她是纽约社交圈的知名人物。据说，她曾在曼哈顿俱乐部为自己支持的总统候选人举行宴会，并用她发明的这款鸡尾酒来招待客人，此酒即是曼哈顿。

（2）配方：黑麦威士忌（或加拿大威士忌）45 毫升、甜味美思 15 毫升、安哥斯图拉苦酒 1 大滴、甜味樱桃 1 颗、柠檬皮适量。在调酒杯中加入冰块，注入上述酒料，搅匀后滤入鸡尾酒杯。

（3）载杯：短饮鸡尾酒杯。

（4）装饰物：樱桃。

（5）调制方法：滤冰调和法。

如图 5-13 所示。

曼哈顿

（三）古典（Old Fashioned）

（1）由来：古典（Old Fashioned）是 19 世纪中叶美国肯塔基州彭德尼斯俱乐部的一个调酒师为狂爱赛马的粉丝们发明的鸡尾酒。

苦艾酒是添加了草本和香料的强化酒，酒精浓度约为 18%，从前主要作治病用，直到 19 世纪后期，人们尝试把苦艾酒和其他酒类混配作鸡尾酒饮用，从此此酒成为鸡尾酒经典，也是世界各地最受欢迎的鸡尾酒之一。

该酒调制方法简单，用古典杯盛载所以叫古典。

（2）配方：波本威士忌 2 盎司（约 60 毫升）、安哥斯图拉苦酒 5 滴、方糖 1 块、苏打水 10 毫升。

（3）载杯：古典杯。

（4）装饰物：橙皮。

（5）调制方法：不滤冰调和法。

如图 5-14 所示。

古典

（四）特基拉日出（Tequila Sunrise）

（1）由来：以特基拉为基酒的鸡尾酒，最有名的莫过于特基拉日出了。在生长着星星点点的仙人掌，但又荒凉到极点的墨西哥平原上，正升起鲜红的太阳，阳光把墨西哥平原照耀得一片灿烂——特基拉日出中浓烈的龙舌兰香味容易使人想起墨西哥的日出，故而得名。

（2）配方：波本威士忌1.5盎司（约45毫升）、安哥斯图拉苦酒1滴、方糖1块、苏打水2匙。

（3）载杯：柯林杯。

（4）装饰物：橙片、红樱桃。

（5）调制方法：不滤冰调和法/兑和法。

如图5-15所示。

图5-15　特基拉日出

（五）玛格丽特（Margarita）

（1）由来：1949年，美国举行全国鸡尾酒大赛。一位洛杉矶的酒吧调酒师Jean Durasa参赛。这款鸡尾酒正是他的冠军之作。之所以将此酒命名为Margarita，是想纪念他的已故恋人Margarita。1926年，Jean Durasa去墨西哥，与Margarita相恋，墨西哥成了他们的浪漫恋爱之地。然而，有一次当两人去野外打猎时，玛格丽特中了流弹，最后倒在恋人Jean Durasa的怀中，永远离开了。于是，Jean Durasa就用墨西哥的国酒Tequila为鸡尾酒的基酒，用柠檬汁的酸味代表心中的酸楚，用盐霜意喻怀念的泪水。如今，Margarita在酒吧流行的同时，也成为Tequila的代表鸡尾酒。

（2）配方：特基拉酒（龙舌兰酒）1.5盎司（约45毫升）、柠檬汁1/2盎司（约15毫升）、君度或橙味力娇酒1/2盎司（约15毫升）。

（3）载杯：玛格丽特杯。

（4）装饰物：雪花盐边杯。

（5）调制方法：雪克壶摇和法。

如图5-16所示。

图 5-16　玛格丽特

（六）长岛冰茶（Long Island Iced Tea）

（1）由来：长岛冰茶起源于美国纽约的长岛，于 20 世纪 90 年代起风靡全球。长岛冰茶不是茶，只是色泽很像红茶的一款鸡尾酒饮料，酒精度高，按照其原始配方调制的长岛冰茶酒精度可达 40% 以上。

（2）配方：金酒、伏特加、白朗姆、龙舌兰、君度、柠檬汁各 15 毫升（1/2 盎司），可乐 9 分满。

（3）载杯：柯林杯。

（4）装饰物：柠檬片。

（5）调制方法：雪克壶摇和法。

如图 5-17 所示。

图 5-17　长岛冰茶

（七）红粉佳人（Pink Lady）

（1）由来：1912 年在伦敦上演的戏剧《红粉佳人》大获成功，庆功宴上，女主角黑泽尔·多恩所喝的，就是这杯"红粉佳人"。从此，红粉佳人名满天下。1944年，在戏剧《生日快乐》中，"美国话剧界第一佳人"——海伦·黑兹所喝的，也是这杯"红粉佳人"。可以说，这是一杯与舞台缘分颇深的鸡尾酒。

（2）配方：金酒45毫升（1.5盎司）、君度15毫升（1/2盎司）、红石榴糖浆5毫升（1/6盎司）、柠檬汁15毫升（1/2盎司）、蛋清1个。

（3）载杯：短饮鸡尾酒杯。

（4）装饰物：红樱桃或玫瑰花瓣。

（5）调制方法：波士顿壶摇和法。

如图5-18所示。

图5-18　红粉佳人

（八）新加坡司令（Singapore Sling）

（1）由来：1915年，年轻的调酒师严崇文进入新加坡的莱佛士酒店的长乐酒吧工作。当时的新加坡还是英国的殖民地，严崇文很快发现，由于英国社会习俗不允许女士在公共场合饮用含酒精饮料，所以在先生们品味杜松子酒或威士忌时，女士们只能选择果汁饮料或茶。严崇文决定绕过这个禁忌，为女士们调制一款特别的鸡尾酒。他思索了很久后想到一个方案。他用杜松子酒、樱桃酒、法国廊酒、君度橙酒、菠萝汁、柠檬汁、少许安哥斯特拉苦精酒，配以粉红色的石榴糖浆伪装，使其看起来更像水果鸡尾酒。这款酒被命名为"新加坡司令"。

（2）配方：金酒1.5盎司、樱桃白兰地1盎司、柠檬汁1盎司、糖浆1茶匙、苏打水适量。

（3）载杯：柯林杯。

（4）装饰物：樱桃、薄荷叶。

（5）调制方法：波士顿摇和法。

如图 5-19 所示。

图 5-19　新加坡司令

（九）轰炸机 B-52

（1）由来：轰炸机 B-52 作为短饮鸡尾酒（一口气喝完的鸡尾酒）的代表作品，是以战争为背景的。其名字来源于美国的轰炸机 B-52，据说该飞机在投放燃烧弹的时候使用。燃烧弹的作用是放火，大概是因为这一点才在鸡尾酒里也使用了点火燃烧的方式。不同于轰炸机的强势形象，这款鸡尾酒以柔和的味道见长。

饮用轰炸机 B-52 不仅需要胆量还需要一些技巧：将酒带火一口气倒入口中，然后马上闭嘴，火会立刻熄灭，然后你就能体验到先冷后热那种冰火两重天的感觉。酒杯很烫，注意嘴唇不要靠到杯子。如果没有胆量也可拿吸管插到杯子底下，一口气吸完。

（2）配方：甘露咖啡酒 10～20 毫升、百利甜酒 10～20 毫升、金百利甜酒 10～20 毫升。

（3）载杯：子弹杯。

（4）装饰物：无。

（5）调制方法：兑和法。

如图 5-20 所示：

图 5-20　轰炸机 B-52

（十）天使之吻（Angel's Kiss）

（1）由来：这款"天使之吻"鸡尾酒口感甘甜而柔美，如丘比特之箭射中恋人的心。取一颗甜味樱桃置于杯口，在乳白色鲜奶油的映衬下，恍似天使的红唇——这款鸡尾酒因此得名。在情人节等重要的日子，喝一杯这样的鸡尾酒，爱神肯定会把思念传递给你朝思暮想的人。

（2）配方：可可甜酒（咖啡力娇酒）4/5、鲜奶油1/5。

（3）装饰物：樱桃。

（4）载杯：子弹杯、利口酒杯。

（5）调制方法：兑和法。

如图5-21所示。

图5-21　天使之吻

（十一）血腥玛丽（Bloody Mary）

（1）由来：玛丽一世（Mary I，1516年2月18日～1558年11月17日）是都铎王朝的第四任君主，极其虔诚的天主教徒。她的主要事迹是曾经努力把英国从新教恢复到罗马天主教。为此，她曾处决了差不多300个反对者，而被称为"血腥玛丽"（Bloody Mary）。从此以后，Bloody Mary在英语中就成了"女巫"的同义词。

"血腥玛丽"鲜红色的汁液产生的怪异魅力让人有种莫名的向往。在美国禁酒法实施期间，"血腥玛丽"在当时的地下酒吧非常流行，被称为"喝不醉的番茄汁"。

（2）配方：伏特加60毫升、番茄汁180毫升、柠檬汁1/2茶匙、乌斯特辣酱油1/2茶匙、蕐菜泥1/2茶匙、辣椒汁、现磨胡椒粉、盐。

（3）载杯：古典杯。

（4）装饰物：芹菜叶。

（5）调制方法：搅和法。

如图5-22所示。

图 5-22　血腥玛丽

（十二）莫吉托（Mojito）

（1）由来：莫吉托诞生于古巴，它是海盗的饮品，英国人佛朗西斯·德雷克爵士发明了这款饮料。

莫吉托起源于一种叫作德拉盖的酒，小说《海贼王》中提到了这种酒，不但证明了它的海盗血统，同时也显然说明莫吉托是早上饮用的酒品。随着鸡尾酒文化的复兴，拉丁美食潮的兴起和古巴音乐的风靡，莫吉托在美国获得了普遍欢迎。

（2）配方：白朗姆酒 40 毫升、柠檬汁 60 毫升、糖浆 20 毫升、新鲜薄荷叶适量、苏打水适量、柠檬角 1 个、方糖 1 块。

（3）载杯：海波杯。

（4）装饰物：薄荷叶。

（5）调制方法：不滤冰调和法。

如图 5-23 所示。

图 5-23　莫吉托

二、创意鸡尾酒

鸡尾酒是想象力的杰作。鸡尾酒的本性，决定了它必将是一种最受不得任何约束与桎桔的创造性事物。至于在未来究竟还有多少种鸡尾酒会被研制出来，这个问题似乎只是和人类自身的想象力有关。

现代鸡尾酒已不再是若干种酒及乙醇饮料的简单混合物。调酒师可以根据市场的需求和人们口味的变化，设计出不同于经典鸡尾酒的佳作，赋予其独特的想象力和现代的审美观。

（一）绅士

（1）创意说明：绅士外刚内柔，就像这杯酒一样，在烈酒中加入柑曼怡，柑橘味会使这杯酒不会有想象中的刺激感，入口很柔。

（2）配方：

格兰菲迪 12 年威士忌 45 毫升；

泰斯卡 10 年 15 毫升；

柑曼怡 45 毫升；

苦精 3 撒。

（3）载杯：古典杯、威士忌杯。

（4）装饰物：橙皮、肉桂。

（5）调制方法：不滤冰直调法、烟熏。

如图 5-24 所示。

图 5-24　绅士

（二）少女的心房

（1）创意说明：整体酒液口感清香甜蜜、绵滑丰富，以粉红色为主色调，伴着绵密的白色泡沫，似少女情窦初开的心房，甜蜜而美好。

（2）配方：

利伦敦干金酒 45 毫升；

百香果糖浆 10 毫升；

玫瑰糖浆 15 毫升；

红石榴糖浆 5 毫升；

菠萝汁 45 毫升；

橙味苦精 2 撒；

蛋清 1 个。

（3）载杯：古典杯。

（4）装饰物：玫瑰花瓣。

（5）调制方法：波士顿摇和法。

如图 5-25 所示。

图 5-25　少女的心房

（三）戒指

（1）创意说明：戒指象征着爱情，爱情象征着甜蜜，所以这款酒比较偏甜，但爱情中偶尔会有些许的不如意，就像这杯酒中那一丝丝的苦味。

（2）配方：

金酒 45 毫升；

百香果糖浆 10 毫升；

金巴利一吧勺；

荔枝糖浆 10 毫升；

巧克力苦精 1 撒；

柠檬汁 8 毫升。

（3）载杯：浅碟形香槟杯。

（4）装饰物：鲜花。

（5）调制方法：雪克壶摇和法。

如图 5-26 所示。

图 5-26　戒指

（四）闺蜜

（1）创意说明：灵感来源于最佳拍档。男士有好搭档，女士有好闺蜜。这款"闺蜜"，偏甜，适合女性。

（2）配方：

伏特加 60 毫升；

柑曼怡 45 毫升；

阿佩罗 3 吧勺；

玫瑰糖浆 2 吧勺；

玫瑰苦精 2 撒。

（3）载杯：清酒壶；

（4）装饰物：干花；

（5）调制方法：调和法。

如图 5-27 所示。

图 5-27　闺蜜

（五）无与伦比的美丽

（1）创意说明：浓浓的果香，带有柚子、香草和柠檬的气息，仿佛置身与花果园中，美丽的蝴蝶萦绕其中，即将迎来一个无与伦比的美丽故事。

（2）配方：

百加得朗姆酒 60 毫升；

柚子茶 2 吧勺；

菠萝汁 45 毫升；

苹果醋 15 毫升；

香草糖浆 5 毫升；

柠檬汁 5 毫升。

（3）载杯：香水杯。

（4）装饰物：迷迭香、黄柠皮、蝴蝶装饰。

（5）调制方法：波士顿摇和法。

如图 5-28 所示。

（六）玫瑰朱莉普

（1）创意说明：该酒加碎冰的做法非常适合夏天饮用，配
上有花瓣的杯子，是女孩子的首选鸡尾酒。

图 5-28　无与伦比的美丽

（2）配方：

哈瓦那朗姆酒 60 毫升；

阿佩罗 5 毫升；

玫瑰糖浆 15 毫升；

柠檬汁 15 毫升。

（3）载杯：土耳其咖啡杯。

（4）装饰物：薄荷叶、玫瑰。

（5）调制方法：调和法。

如图 5-29 所示。

（七）杰克玫瑰

图 5-29　玫瑰朱莉普

（1）创意说明：苹果白兰地果香浓郁，在口中留香很久，相对
口感比较厚重一些，配上优雅的红玫瑰糖浆，犹如一个娇艳动人的女子。

（2）配方：

苹果白兰地 50 毫升；

玫瑰糖浆 15 毫升；

红石榴糖浆 5 毫升；

玫瑰苦精 2 毫升；

柠檬汁 15 毫升。

（3）载杯：浅碟形香槟杯。

（4）装饰物：薄荷叶、柠檬皮、玫瑰。

（5）调制方法：雪克壶摇和法。

如图 5-30 所示。

图 5-30　杰克玫瑰

（八）夏威夷风情

（1）创意说明：该酒是 Tiki 类型的鸡尾酒，充满热带水果的口感，加上碎冰，夏天喝起来非常的舒服。

（2）配方：

黑朗姆酒 20 毫升；

金朗姆酒 20 毫升；

百香果糖浆 15 毫升；

菠萝汁 15 毫升；

柠檬汁 15 毫升；

橙汁 15 毫升；

肉桂糖浆 10 毫升。

（3）载杯：Tiki 杯。

（4）装饰物：夏威夷果碎、新鲜水果装饰。

（5）调制方法：波士顿摇和法。

如图 5-31 所示。

图 5-31　夏威夷风情

（九）祖国山河一片红

（1）创意说明：这款酒以我国国酒茅台酒作为基酒，配以我国各地的果汁调制而成。香甜的果汁配以我国酱香的茅台酒有一种美好的遐想。这杯艳红色的酒给人带来心潮澎湃的感觉。

（2）配方：

茅台酒 45 毫升；

橙汁 30 毫升；

芒果汁 30 毫升；

菠萝汁 30 毫升；

蜜瓜汁 30 毫升；

红石榴汁 15 毫升。

（3）载杯：葡萄酒杯。

（4）调制方法：雪克壶摇和法。

如图 5-32 所示。

图 5-32　祖国山河一遍红

（十）歌海

（1）创意说明：广西南宁每年都举办民歌节，世界各地的民歌爱好者都喜欢聚集在此，节日当天，盛况非凡。本酒有五层，如五线谱一样飘逸，橙片尤如广西古老的铜鼓震撼人心。

（2）配方：

香蕉酒 6 毫升；

蜜瓜酒 6 毫升；

金巴利酒 6 毫升；

兰香橙酒 15 毫升；

丹泉酒 30lm；

白糖浆 20lm；

白兰地酒 6 毫升。

（3）载杯：葡萄酒杯。

（4）装饰物：西瓜皮。

（5）调制方法：摇和法、兑和法。

如图 5-33 所示。

图 5-33　歌海

四、创意鸡尾酒的创作原则

（1）口味相同或近似的酒或饮料可以相互搭配调制成鸡尾酒。

（2）口味不相同的酒或饮料，如药味酒和水果酒不可以相互搭配调制成鸡尾酒。

（3）鸡尾酒装饰物必须卫生安全；装饰物要与鸡尾酒口味相协调，装饰物颜色与鸡尾酒颜色要协调；装饰物的外形要与鸡尾酒协调，不能显得头重脚轻。

（4）创意鸡尾酒的材料最好简单些，不要过于复杂。

（5）要考虑该创意鸡尾酒是否可以推向市场，是否有市场经济效益。

实训项目

项目一　用调和法调制鸡尾酒

实训目标：熟练掌握调和法调制鸡尾酒。

实训内容：

（1）吧匙调和训练；

（2）用滤冰调和法调制干马天尼、曼哈顿；

（3）用不滤冰调和法调制古典和特基拉日出。

实训方法：教师示范讲解，学生操练，教师进行指导纠正。

实训步骤：

（1）吧匙的使用方法讲解及操练；

（2）调和法的要点、操作步骤讲解及操练；

（3）用滤冰调和法调制干马天尼、曼哈顿；

（4）用不滤冰调和法调制古典和特基拉日出。

操作过程与考核要点：

一、干马天尼（Dry Martini）

1. 准备调酒物品

调酒杯、吧匙、量酒器、滤冰器、口布、抹布、杯垫、冰桶、冰勺/冰夹、水果夹、酒签、鸡尾酒杯、橄榄装饰物、冰块、酒水。

2. 调制流程：

（1）用口布擦拭载杯；

（2）在鸡尾酒杯中加入冰块，进行冰杯；

（3）用冰勺取适量冰块置于调酒杯中；

（4）搅拌冰块进行调酒杯冰杯，并滤掉冰水；

（5）用量酒杯将干味美思、金酒量入酒杯内；

（6）用吧匙进行调和，搅拌约 10~20 次；

干马天尼调制微课

（7）将鸡尾酒杯里的冰块倒掉；

（8）使用滤冰器过滤冰块，将酒倒入鸡尾酒酒杯中；

（9）用水果夹夹取橄榄放入杯内；

（10）用黄柠皮喷香；

（11）将调制好的鸡尾酒置于杯垫上；

（12）清洁器具、清理工作台。

3. 注意事项

马天尼对冰块要求很高，尽量选择大块冰块，不宜选择碎小的冰块以免化水过快。调和时间要控制得当，一般温度降到零度即可。作为基酒的金酒要提前放到冰箱冰冻，以达到最佳口感效果。

4. 考核要点

（1）吧匙的使用方法；

（2）调和法的操作步骤和要点；

（3）用滤冰调和法调制干马天尼。

二、曼哈顿（Manhattan）

1. 准备调酒物品

调酒杯、吧匙、量酒器、滤冰器、口布、抹布、杯垫、冰桶、冰勺/冰夹、水果夹、酒签、鸡尾酒杯、樱桃、橙皮装饰物、冰块、酒水；

2. 调制流程

（1）用口布擦拭载杯；

（2）在鸡尾酒杯中加入冰块，进行冰杯；

（3）用冰勺取适量冰块置于调酒杯中；

（4）搅拌冰块进行冰杯，并滤掉冰水；

（5）用量酒杯将甜味美思、黑麦威士忌量入酒杯内；

（6）用吧匙进行调和，搅拌约 10~20 次；

（7）将鸡尾酒杯里的冰块倒掉；

（8）使用滤冰器过滤冰块，将酒倒入鸡尾酒杯中；

（9）用水果夹夹取樱桃放入杯内；

（10）用橙皮喷香；

（11）将调制好的鸡尾酒置于杯垫上；

（12）清洁器具、清理工作台。

3. 注意事项

曼哈顿的调制手法与马天尼的一致。威士忌的选取以黑麦威士忌为佳，口感更醇厚。

4. 考核要点

（1）吧匙的使用方法；

（2）调和法的操作步骤和要点；

（3）滤冰调和法调制曼哈顿。

三、古典（Old Fashioned）

1. 准备调酒物品

古典杯、吧匙、量酒器、口布、抹布、杯垫、冰桶、冰勺/冰夹、橙皮装饰物、冰块、酒水。

2. 调制流程

（1）准备橙皮装饰物；

（2）在古典杯中加入冰块，进行冰杯；

（3）在古典杯上放一张纸巾，在纸巾上放入一块方糖；

（4）在方糖上洒上 5 滴苦酒，将纸巾上的方糖倒入古典杯中；

古典调制视频

（5）倒入 10 毫升苏打水，用捣棒捣碎；

（6）在古典杯中量入 30 毫升威士忌，用吧匙进行调和；

（7）加入冰块，再次量入 30 毫升威士忌，继续调和；

（8）用橙皮喷香，放入杯中；

（9）将调制好的鸡尾酒置于杯垫上出品；

（10）清洁器具、清理工作台。

3. 注意事项

不滤冰调和法要注意把握调和的时间，避免冰块滤水过快。古典中威士忌分两次加入进行调和，可以充分达到调和的目的，又避免过早加入冰块使之化水过快。

4. 考核要点

（1）吧匙的使用方法。

（2）调和法的操作步骤和要点。

（3）用不滤冰调和法调制古典。

四、特基拉日出（Tequila Sunrise）

1. 准备调酒物品

柯林杯、吧匙、量酒器、口布、抹布、杯垫、冰桶、冰勺/冰夹、香橙片、樱桃装饰物、冰块、酒水。

2. 调制流程

（1）准备装饰物；

（2）在杯中加入冰块至八分满；

（3）用量酒杯将 45 毫升龙舌兰量入酒杯内；

（4）倒入橙汁至九分满，约 100 毫升；

（5）用吧匙进行调和；

特基拉日出调制视频

（6）将 15 毫升红石榴糖浆沿着吧匙缓缓倒入杯中；

（7）放上装饰物；

（8）插上吸管，将调制好的鸡尾酒置于杯垫上出品；

（9）清洁器具、清理工作台。

3. 注意事项

特基拉日出除了用调和法外，还可用兑和法。日出的形态取决于红石榴糖浆的倒入方法。一般采用吧匙协助引流糖浆到底部，形成分层的效果。

4. 考核要点

（1）吧匙的使用方法；

（2）调和法和兑和法的操作步骤和要点；

（3）用不滤冰调和法调制特基拉日出。

项目二　用摇和法调制鸡尾酒

实训目标：熟练掌握摇和法调制鸡尾酒。

实训内容：

（1）单手、双手摇壶方法训练；

（2）雪克壶的使用方法；

（3）波士顿壶的使用方法；

（4）用雪克壶调制玛格丽特；

（5）用波士顿壶调制红粉佳人。

实训方法：教师示范讲解，学生操练，教师指导纠正。

实训步骤：

（1）雪克壶单手握壶姿势和摇壶方法的讲解及操练；

（2）雪克壶双手握壶姿势和一段、二段、四段摇壶方法的讲解及操练；

（3）波士顿壶双手握壶姿势和摇壶方法的讲解及操练；

（4）雪克壶调制玛格丽特鸡尾酒的讲解及操练；

（5）波士顿壶调制红粉佳人鸡尾酒的讲解及操练。

操作过程与考核要点：

一、玛格丽特（Margarita）

1. 准备调酒物品

雪克壶、吧匙、量酒器、口布、抹布、杯垫、冰桶、冰勺/冰夹、水果夹、玛格丽特杯、盐和青柠皮装饰物、冰块、酒水。

2. 调制流程

（1）用口布擦拭载杯；

（2）制作雪霜杯盐边，首先，用青柠角擦拭酒杯杯口边缘，接着倒置酒杯，让杯口均匀地沾上细盐；

（3）将制作好的酒杯放入冰箱中冰镇待用；

（4）将 45 毫升龙舌兰酒、15 毫升鲜榨的柠檬汁、15 毫升君度分别量入雪克壶中；

玛格丽特调制微课

（5）用吧匙搅拌均匀，试味；

（6）在雪克壶中加冰块至 8~9 分满；

（7）盖好壶盖用力摇和，待调酒壶上起白雾即可；

（8）取出冰镇好的酒杯，快速将酒液倒入杯中；

（9）将青柠檬切片，插在杯口装饰；

（10）将调制好的鸡尾酒置于杯垫上；

（11）清洁器具、清理工作台。

3. 注意事项

首先是雪霜杯盐边的制作。这道工序看似简单，实则对整体口感影响很大。均匀适中的盐味才能完美地与酒液的味道中和，一定要均匀适中，太厚、太薄都不行。

其次是雪克壶的使用。按顺序盖好雪克壶，先盖滤冰器，再盖壶盖。握壶要注意手掌心是中空的，切勿贴住壶身。摇壶时要手腕用力而非手臂。

4. 考核要点

（1）雪克壶的使用方法；

（2）摇和法的操作步骤和要点；

（3）雪霜杯盐边的制作。

二、红粉佳人（Pink Lady）

1. 准备调酒物品

波士顿壶、吧匙、量酒器、口布、抹布、杯垫、冰桶、冰勺/冰夹、鸡尾酒杯、玫瑰花装饰物、冰块、酒水。

2. 调制流程

（1）用口布擦拭载杯；

（2）在鸡尾酒杯中加入冰块，进行冰杯；

（3）将15毫升柠檬汁、5毫升红石榴糖浆、15毫升君度和45毫升金酒依次倒入波士顿壶；

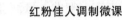

红粉佳人调制微课

（4）取一个鸡蛋，将蛋清倒入波士顿壶中；

（5）用吧匙搅拌均匀，试味；

（6）不加冰，进行一次摇和；

（7）用提拉手法将酒液在两厅中来回倒；

（8）加冰，进行二次摇和；

（9）倒掉酒杯中的冰，用滤网将酒液倒入杯中；

（10）用干的玫瑰花瓣作为装饰；

（11）将调制好的鸡尾酒置于杯垫上；

（12）清洁器具、清理工作台。

3. 注意事项

首先是取蛋清，将鸡蛋从中间敲开，让蛋清从夹缝中慢慢流出，将鸡蛋在左右两边蛋壳中来回倒，以此流出蛋清，切勿使蛋黄流出。

其次是波士顿壶的使用：①盖壶的方法，上下两厅的一边要沿着一条直线盖好。②握壶手法，上下两端握壶，双手尽量不要过多贴住壶身。③一次摇和中的提拉手法，要注意流畅性，弧度大而不断。

4. 考核要点

（1）波士顿壶的使用方法；

（2）摇和法的操作步骤和要点；

（3）取蛋清的技巧。

项目三　用兑和法调制鸡尾酒

实训目标：熟练掌握兑和法调制鸡尾酒。

实训内容：

（1）用吧匙进行分层的方法训练；

（2）调制轰炸机 B-52；

（3）调制天使之吻。

实训方法：教师示范讲解，学生操练，教师指导纠正。

实训步骤：

（1）用吧匙进行分层的方法的讲解及操练；

（2）调制轰炸机 B-52 的讲解及操练；

（3）调制天使之吻的讲解及操练；

操作过程与考核要点：

一、轰炸机 B-52

1. 准备调酒物品

子弹杯、吧匙、量酒器、口布、抹布、杯垫、火机、酒水。

2. 调制流程

（1）用口布擦拭载杯；

（2）用吧匙的背面或正面以 45°角紧贴杯壁；

（3）沿着吧匙依次倒入 10 毫升咖啡酒、10 毫升百利甜酒、10 毫升君度；

轰炸机 B-52 调制视频

（4）预热杯口，点火；

（5）递上吸管，垫上杯垫，出品；

（6）清洁器具、清理工作台；

3. 注意事项

分层时，必须小心倒入每一层让其颜色分明，不浑浊，保持每层的厚度均匀。

品鉴方法：喝的时候把酒点燃，用吸管一口气喝完，可体验到先冷后热那种冰火两重天的感觉。

4. 考核要点

（1）用吧匙进行分层的方法。拿吧匙的时候手要稳，不能离开杯壁。

（2）兑和法的操作步骤和要点。成品要求层次分明，不能混淆。

（3）点火及品鉴技巧。

二、天使之吻（Angel's Kiss）

1. 准备调酒物品

子弹杯、吧匙、量酒器、口布、抹布、杯垫、酒签、樱桃装饰物、酒水。

2. 调制流程

（1）用口布擦拭载杯；

（2）用吧匙的背面或正面以 45°角紧贴杯壁；

（3）沿着吧匙依次倒入 4/5 咖啡力娇酒、1/5 鲜奶油；

（4）用酒签插上一颗樱桃放在杯口装饰；

（5）垫上杯垫，出品；

（6）清洁器具、清理工作台；

3. 注意事项

分层时，必须小心倒入每一层让其颜色分明，不浑浊，保持每层的厚度均匀。

品鉴方法：一口气喝完，可体验咖啡利口酒和鲜奶油混合的口感。

4. 考核要点

（1）用吧匙进行分层的方法。拿吧匙的时候，手要稳，不能离开杯壁。

（2）兑和法的操作步骤和要点。成品要求层次分明，不能混淆。

项目四　用搅和法调制鸡尾酒

实训目标：熟练掌握搅和法调制鸡尾酒。

实训内容：

（1）使用电动搅拌机榨汁的方法；

（2）碎冰的制作方法；

（3）调制血腥玛丽。

实训方法：教师示范讲解，学生操练，教师指导纠正。

实训步骤：

（1）电动搅拌机的使用方法的讲解及操练；

（2）碎冰制作方法的讲解及操练；

（3）血腥玛丽的讲解及操练。

操作过程与考核要点：

血腥玛丽（Bloody Mary）

1. 准备调酒物品

电动搅拌机、古典杯、吧匙、量酒器、口布、抹布、杯垫、冰桶、冰勺/冰夹、滤冰器、滤网、西红柿、芹菜装饰物、调味品、冰块、酒水。

2. 调制流程

（1）用口布擦拭载杯；

（2）制作椒盐边。首先，用青柠角擦拭酒杯杯口边缘，接着倒置酒杯，让杯口的一半均匀地沾上椒盐；

（3）将制作好的酒杯放入冰箱中冰镇待用；

（4）将洗净的西红柿去皮，切丁，放入搅拌机，加入少许饮用水和糖，开机搅拌，盛出待用；

（5）将2克盐、2滴唟汁、3滴辣椒汁、1撒苦精、黑胡椒适量、10毫升鲜榨的柠檬汁、5毫升红石榴糖浆、60毫升番茄汁、60毫升伏特加分别量入波士顿壶中；

（6）用吧匙搅拌均匀，试味；

（7）在波士顿壶中加冰块7~8分满；盖好壶盖用力摇和；

（8）取出冰镇好的酒杯，用滤冰器和滤网快速将酒液倒入杯中；

（9）取一根芹菜棒，插在杯口装饰；

（10）将调制好的鸡尾酒置于杯垫上；

（11）清洁器具、清理工作台。

3. 注意事项

番茄汁最好选择鲜榨的，也可用番茄沙司代替。搅拌机使用前要清洁，西红柿要去皮切小块后再放入。加入的水量需要根据西红柿的汁水量多少而定。也可加入少许的番茄沙司，口味更佳。

4. 考核要点

（1）搅拌机的使用方法（要注意清洁，点击电动搅拌机开关，不能长按电动搅拌机开关）；

（2）搅和法的操作步骤和要点；

（3）椒盐边的制作。

◇拓展阅读

15 种鸡尾酒的创造灵感（双语）①

当天气变暖，户外聚会的诱惑越发难以抵抗。漫长的一天过去了，是时候在游泳池或是后院放松一下了。这时最需要的是一杯冰爽提神的饮料。日积月累，经验丰富的调酒师创造了出多款鸡尾酒。

As the weather gets warmer, the siren call of serene outdoor scenes draws us ever closer. After a long day, it can be so rejuvenating to relax at your favorite watering hole or in your own backyard. And it's the perfect time for a cool, refreshing beverage. And over the years, enterprising mixologists have come up with a lot of them.

喝一口你最爱的鸡尾酒，你会好奇它是如何调制出来的吗？鸡尾酒的历史悠久，而关于某款鸡尾酒的配方研制者究竟是谁，可是值得争论一番呢，因为好多人都声称自己是某款鸡尾酒的原始发明者。

But as you sip on your favorite mix, you may start to wonder just how your drink of choice came to be. And when you start to look into it, you understand why there's such a thing as liquor historians. The history of cocktails can be a long and confusing one with many people claiming to have invented the same drink.

我们可以保证下面这 15 种鸡尾酒背后故事的真实性，记住要尽情地享用它们。

But as far as we can tell, we've nailed down the true stories behind these 15 famous cocktails. Remember to enjoy them responsibly.

1. 曼哈顿

曼哈顿鸡尾酒是世界上最早的味美思鸡尾酒之一。这款酒最初是在 1874 年纽约的曼哈顿俱乐部为了温斯顿·丘吉尔的妈妈特别制作的。然而有一个问题：实际上当时她在英国，所以曼哈顿鸡尾酒有可能是十年前一个叫布莱克的男人发明的。

The Manhattan was one of the world's first vermouth cocktails and it was first made special for Winston Churchill's mother at New York's Manhattan Club in 1874. The only problem is she was in England at the time, so the drink was probably invented by a man named Black about 10 years earlier.

---

① 本文引自 佚名. 15 种鸡尾酒的缔造灵感［EB/OL］.（2017 年 6 月）［2019 年 3 月］. http://www.sohu.com/a/79928280_115720,有改动。

2. 代基里

代基里是欧内斯特·海明威最喜欢的饮料，于 19 世纪 90 年代由一名在古巴工作的美国工程师发明。这名美国工程师想发明一种最完美的朗姆酒饮料并以他工作的城镇命名。迈阿密大学保存了代基里的原始配方：柠檬汁、糖和朗姆酒。

Ernest Hemingway's favorite drink was invented by an American engineer working in Cuba during the 1890s. He wanted to find the perfect rum drink and named the result after the town he was working in. His original recipe of lemon juice, sugar, and rum is now archived at the University of Miami.

3. 黑俄罗斯

和名字无关，黑俄罗斯是 Gustave Tops 在比利时专为美国大使发明的鸡尾酒。由于当时冷战刚刚开始，将俄罗斯的伏特加和甘露混合不仅加深了饮料的颜色，还使饮料更加神秘。

Despite the name, this drink was created in Belgium by Gustave Tops as a signature cocktail for an American ambassador. Since the Cold War was just beginning, mixing Russian vodka into theKahlúa made it seem more dark and mysterious.

4. 白俄罗斯

在20世纪50年代末或60年代初，不知道是谁往黑俄罗斯中加入了牛奶，大多数人称之为"酒精奶昔"。多亏了"督爷"（电影《谋杀绿脚趾》里的人物），近几年白俄罗斯又流行起来了。

It's unknown who first added milk to a Black Russian back in the late 1950s or early 1960s, but it was widely panned at the time as an "alcoholic milkshake." Yet it's made a comeback in more recent years thanks to the power of The Dude.

5. 马天尼

和大多数经典名著一样，马天尼的渊源极具争议性。最流行的说法是，在加利福尼亚州马丁内斯的一名矿工发明了马天尼并以城市的名字来命名。他当时喝得太多了，就把"马丁内斯"叫成了"马天尼"。

Like many of the classics, this one has some competing origin stories. The most popular one has a miner in Martinez, California starting out with a different cocktail named after the city. After he got too drunk to pronounce Martinez anymore, the Martini was born.

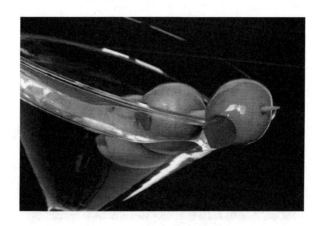

6. 莫吉托

早期的莫吉托是在 1586 年由古巴哈瓦那的一名海盗发明的，它原本是一种药物。在 19 世纪，加入朗姆酒的莫吉托正式成为了一种鸡尾酒。

An early version of the Mojito was invented by the pirate Richard Drake in Havana, Cuba back in 1586. It was originally supposed to be medicinal and didn't become an official Mojito until rum was added during the 1800s.

7. 汤姆·柯林斯

汤姆·柯林斯的名字来源于 1874 年的一场恶作剧，彼时大家声称一个名为汤姆·柯林斯的人在散播谣言，而实际上此人并不存在，大家用这种方式彼此戏弄。当人们在酒吧问起柯林斯时，酒保就会调制一杯约翰·柯林斯鸡尾酒作为回应。顺应潮流变化，这款鸡尾酒的名字变成了汤姆·柯林斯。

The name comes from a weird prank in 1874 where people would trick each other into chasing a non-existent man named Tom Collins for spreading unpleasant rumors about them. When asked about Collins, some bartenders would respond by mixing a cocktail called a John Collins. It seems the fad caused the drink's name to change to Tom Collins.

8. 血腥玛丽

巴黎的哈利纽约酒吧发明了最好的解酒饮品。一个酒保将俄罗斯侨民的伏特加混合了美国侨民的西红柿汁。1920 年，俄罗斯侨民和美国侨民为了逃避俄国革命和美国禁酒令，不约而同地来到了巴黎。这款鸡尾酒直至 20 世纪 40 年代才被正式命名。

Everyone's favorite hangover cure was made in Harry's New York Bar — which was in Paris — when a bartender combined vodka brought by Russian immigrants with tomato juice brought by American expats. Both were in Paris in 1920 to dodge the Russian Revolution and Prohibition, respectively. The drink's name wouldn't come around until the 1940s.

9. 大都会

美剧《欲望都市》播出之后，大都会也随之火了。1985 年，迈阿密的酒保 Cheryl Cook 发明了这款鸡尾酒。和大多数鸡尾酒一样，大都会的配方也有所改变。

BeforeSex and the City made the drink popular, it was created in 1985 by Miami bartender Cheryl Cook. Like many of the cocktails on this list, it's a slight variation on a previous drink.

10. 尼格龙尼

意大利伯爵卡米洛·尼格龙尼喜欢点美式咖啡，并将其中的苏打水换成杜松子酒，这就是现在的尼格龙尼。从各种流传的说法来看，那时候伯爵因为喜欢美国而一身牛仔打扮。

This drink was created when Italian count Camillo Negroni ordered an Americano, but with the club soda swapped out for gin. From all accounts, he was likely wearing a cowboy outfit at the time because of his love for America.

11. 桑格利亚汽酒

这款西班牙鸡尾酒的历史要追溯到古罗马时期。古罗马人将红酒、水、草药和香料混合在一起，创作了当时的桑格利亚汽酒。因为这款鸡尾酒类似于大杂烩，所以桑格利亚汽酒根据不同人的口味会有不同的变化。

This Spanish cocktail dates back to the ancient Romans, who mixed wine, water and herbs and spices to make a safe drink for the time. Since it was a hodgepodge to begin with, this drink has tons of variations.

12. 长岛冰茶

长岛冰茶里并不含有真正的冰茶，是 1972 年 Robert Butt 在长岛的发明。他参加了一场鸡尾酒比赛，比赛的唯一规则就是需要用到橙皮甜酒。从此，长岛冰茶成为著名的酒精饮料。

It doesn't actually contain iced tea, but it was invented on Long Island by Robert Butt in 1972. He entered a cocktail creating contest where the only rule was to use triple sec and out came this famous boozy beverage.

13. 迈泰鸡尾酒

1944 年，著名的 Trader Vic 混合了牙买加朗姆酒和红酒，创作出了迈泰鸡尾酒（又译为迈代）。名字则来自他的塔希提岛朋友：当他们品尝这款鸡尾酒的时候，他们高呼 "mai tai roa ae"，意思是 "世界上最好的鸡尾酒"。

Invented by the famous Trader Vic in 1944, this mix of Jamaican rum and wine, complex ingredients got its name from his Tahitian friends. When they tried it, they said "mai tai roa ae", which means "out of this world, the best!"

14. 玛格丽特

夏季特饮玛格丽特的发明还要追溯到 1938 年的墨西哥提华纳。酒保 Carlos Herrera 为一位对除了龙舌兰酒外所有烈性酒都过敏的顾客专门调制了这杯鸡尾酒，其配方是在龙舌兰酒中加入盐和酸橙。

This summer favorite was likely invented in Tijuana, Mexico back in 1938. Bartender Carlos Herrera developed it for a customer who was allergic to all hard liquor except tequila and added salt and lime like you would with a shot.

15. 薄荷茱丽浦

薄荷茱丽浦是美国南方人的最爱，于 18 世纪在弗吉尼亚州被发明，最开始的目的是随药饮用。买不起白兰地酒的人喜欢上了这款薄荷茱丽浦。

Developed in Virginia during the 1700s, this Southern favorite was originally supposed to be taken with medicine. The bourbon essential to modern Mint Juleps was actually added after the fact by those who couldn't afford brandy.

◇英文服务用语

一、专业词汇

马天尼 Martini

曼哈顿 Manhattan

古典 Old Fashioned

特基拉日出 Tequila Sunrise

玛格丽特 Margarita

边车 Side Car

长岛冰茶 Long Island Iced Tea

红粉佳人 Pink lady

白色丽人 White Lady

天使之吻 Angel's Kiss

二、专业句型

1. 欢迎来到"酒水打折时段"。这里的酒水在下午五点至晚上八点期间打对折。

Welcome to our "Happy Hours". Our drinks are at half price from 5：00 p.m. to 8：00 p.m.

2. 一份威士忌苏打，不加冰，我马上拿来。先生，请慢用。

One whisky soda, no ice, coming up immediately. Cheers, sir.

3. 来一杯不含酒精的鸡尾酒吧，比如胡椒菠萝，还是尤利橙汁？

What about a non-alcoholic cocktail, a Pineapple Pepper Upper or an Orange Julius？

4. 再来一杯酸威士忌？先生，我马上给您拿来。请问您喜欢哪一种威士忌？

Another whiskeysour? Right away, sir. Do you have any preferences on the whiskey?

5. 那边有一瓶 12 年的杰克·丹尼尔威士忌。

That bottle over there is Jack Daniel's – aged 12 years.

6. 也许稍后您会再来喝杯睡前饮料。谢谢光临。

See you later for a night-cap, maybe. Thanks for coming.

7. 果汁杯怎么样？里面有香槟酒、黑朗姆酒、橘子汁、柠檬汁、菠萝汁、糖和姜啤。

How about a fruit juice cup? That are champagne, dark rum, orange juice, lemon juice, pineapple juice, sugar and ginger ale in it?

8. 曼哈顿怎么样？这是一道经典鸡尾酒。

How about a Manhattan? It is a classic drink.

9. 果味鸡尾酒是由橘子汁、葡萄汁、西番莲果汁、酸橙汁、芒果汁、菠萝汁和一些猕猴桃糖浆调成的。

The Fruit Cocktail has orange, grapefruit, passion fruit, lime, mango and pineapple juice, with just a little kiwi syrup in it.

10. 这是普施咖啡，又叫彩虹酒。它是用几种不同的餐后甜酒调制而成的。看上去像彩虹。

It's a "pousse café" or "Rainbow Cocktail", and it is made from several liqueurs. It looks like a rainbow.

11. 论罐买啤酒比论杯买啤酒划算。

Buying beer by the pitcher is cheaper than buying it by the glass.

◇ 考核指南

一、知识项目

（1）鸡尾酒的基本知识；

（2）鸡尾酒的四种调制方法；

（3）鸡尾酒的结构及创作原则；

（4）鸡尾酒装饰物的制作。

二、实训项目

（1）吧匙的使用方法；

（2）雪克壶、波士顿壶的使用方法；

（3）用四种调酒的基本手法调制鸡尾酒。

模块六　软饮料调制

◇**学习目标**

　●知识目标
　➢了解果蔬饮料的种类及制作原则
　➢了解咖啡的种类及制作原则
　➢了解软饮料的种类及制作原则
　●能力目标
　➢掌握常见果蔬饮料的制作方法
　➢掌握常见咖啡的制作方法
　➢掌握常见茶饮的制作方法

◇**项目导入**

　　随着消费需求的不断升级，市民对饮料的需求也在发生变化。那么从消费者角度来看，市民更倾向于选择什么饮品？哪些因素影响着消费者对饮料的选择？为此，《北京晨报·健康周刊》发布了线上及线下《今年夏天喝什么？听你的》饮料消费调查报告。统计数据显示，果蔬汁饮料、茶类饮料分别位列"您平时愿意选择哪种类型的饮料"前两名，消费者购买果蔬汁的主要动力是希望获得其中有益健康的成分。

　　现在，很多消费者已经从浓缩果汁向更高端、新鲜度更高的NFC果汁完成了消费进阶，追求更天然、更营养健康的产品。软饮料也越来越趋向于向绿色健康饮品发展。

知识项目

项目一　制作果蔬饮料

一、果蔬饮料的种类
果蔬饮料可细分为天然果汁、果汁饮料、果粒果肉饮料、浓缩果汁及果蔬菜汁饮料等品种。

1. 天然果汁

天然果汁指采用机械方法将水果加工制成的汁液；采用渗滤或浸提工艺提取水果中的汁液再用物理方法除去加入的溶剂制成的汁液；在浓缩果汁中加入与果汁浓缩时失去的天然水分等量的水制成的具有原水果果肉色泽、风味和可溶性固形物的汁液。

2. 果汁饮料

果汁饮料指在果汁或浓缩果汁中加入水、糖液、酸味剂等调制而成的清汁或浊汁制品。含有两种或两种以上不同品种果汁的果汁饮料称为混合果汁饮料。

3. 果粒果肉饮料

果粒果肉饮料指在果汁或浓缩果汁中加入水、柑橘类囊胞（或其他水果经切细的果肉等）、糖液、酸味剂等调制而成的制品。成品果汁含量不低于 l00g/L，果粒含量不低于 50g/L。

4. 浓缩果汁

浓缩果汁指用物理方法从果汁或果浆中除去一定比例的天然水分而制成的具有原有果汁或果浆特征的制品，需要加水进行稀释的果汁。浓缩果汁中的原汁占 50% 以上。

5. 果蔬菜汁饮料

果蔬菜汁饮料指在按一定配比的蔬菜汁与果汁的混合汁中加入白砂糖等调制而成的制品。

二、果蔬饮料制作的基本原则

1. 材料的选择

果蔬饮料的调制材料一定要新鲜，且最好是已经成熟的。因为不成熟的水果比较酸涩。有些商家为了赚取利润，不惜选用烂的蔬菜水果来榨汁，以为客人看不到原料，即可蒙混过关。其实这样的做法会极大地影响成品的口感，最后导致客人流失，得不偿失。

2. 口味、色彩要搭配协调

果蔬的种类繁多，要熟悉不同果蔬的特性，才能制作出口感丰富的饮料。要注意尽量选用含糖分、水分高和香味浓郁的果蔬，尽量避免苦涩、水分少的材料。尽量少放蔗糖，蔗糖会加速分解维生素 B。最好不放糖精和色素，保持果蔬的原汁原味。品种之间的搭配要注意融合度和协调性。

3. 适当添加辅料

在保持原汁原味的基础上，适当添加一些健康的辅料，如杏仁、芝麻、可可粉等，不仅可以改善口味，还可以增加果蔬饮料的营养均衡性。

项目二　制作咖啡

一、咖啡的种类

1. 浓缩咖啡（Espresso）

浓缩咖啡又称意大利特浓咖啡。浓缩咖啡是利用高压，让沸水在短短几秒里迅速通过咖啡粉，得到约 1/4 盎司的咖啡，味苦而浓香。

2. 玛奇朵（Espresso Macchiato）

玛奇朵是在浓咖啡里加上薄薄的一层热奶泡以保持咖啡温度。细腻香甜的奶泡能缓冲浓缩咖啡带来的苦涩。

3. 美式咖啡（Americano）

美式咖啡是指使用滴滤式咖啡壶、虹吸壶、法压壶之类的器具制作而成的黑咖啡，也可以通过在意大利浓缩咖啡中加入大量的水而制成。口味比较淡，但因为萃取时间长，所以咖啡因含量高，具有提神醒脑的作用，工作疲劳或精神不佳时，可以考虑喝美式咖啡。

4. 拿铁（Caffè Latte）

拿铁咖啡就是在意大利浓缩咖啡中倒入接近沸腾的牛奶。加入多少牛奶没有规定，可依个人口味自由调配。

5. 卡布奇诺（Cappuccino）

传统的卡布奇诺咖啡是由 1/3 浓缩咖啡、蒸汽牛奶和 1/3 泡沫牛奶制成的。卡布奇诺分为干、湿两种。干卡布奇诺（Dry Cappuccino）是指奶泡较多、牛奶较少的调制法，喝起来咖啡味比奶香味要浓。湿卡布奇诺（Wet Cappuccino）则指奶泡较少、牛奶量较多的做法，奶香盖过浓浓的咖啡味，适合口味清淡者。

6. 摩卡（Caffè Mocha）

摩卡是一种最古老的咖啡，得名于著名的摩卡港。摩卡是由意大利浓缩咖啡、巧克力糖浆、鲜奶油和牛奶混合而制成，是意式拿铁咖啡的变种。

7. 爱尔兰咖啡（Irish Coffee）

爱尔兰咖啡是一种既像酒又像咖啡的咖啡，是由热咖啡、爱尔兰威士忌、奶油、糖混合搅拌而成。

8. 手冲咖啡

手冲咖啡一般是单品咖啡，制作方式属于滴滤咖啡的一种。把咖啡磨粉后，放在一个滤纸里，上面浇热水，咖啡就从底下流出来。手冲咖啡需要人工进行操作，最能考验咖啡师的技能，也越来越受现代都市人的追捧。

二、咖啡制作的基本原则

1. 咖啡豆的选择

市场上可以买到的一般是生豆、熟豆和咖啡粉。一般建议购买咖啡熟豆，越新鲜越好。因为生豆是没有什么咖啡味道的，需要经过烘焙才能将其中的味道激发出来。咖啡熟豆是生鲜食品，购买时要查看烘焙日期，因为咖啡豆的新鲜度是从烘焙好的时候开始算。一般来说，食品类的产品会有保存期和赏味期，保存期限通常是在 12~18 个月，但保存期限与新鲜度是两码事，咖啡豆其实更看重的是赏味期，越新鲜的咖啡豆制作出来的咖啡越好喝。所以一次备货不要太多，大概足够两三周的使用量就可以了。

2. 咖啡豆的研磨

首先，用磨豆机研磨时，一次不要磨太多。手动式磨豆机要轻轻地旋转手柄，将摩擦热度控制在最低，因为磨豆机使用得越快，越容易发热，会使咖啡豆在研磨的过程中因被加热而导致芳香提前释放出来，影响蒸煮后咖啡的香味。其次，注意咖啡粉的粗细是否均匀、研磨度是否合适。因为咖啡粉中水溶性物质的萃取有它理想的时间，如果粉末很细，蒸煮的时间过长，会造成过度萃取，咖啡可能非常浓苦而失去芳香；反之，若是粉末很粗而且又蒸煮太快，会导致萃取不足，咖啡就会淡而无味，因为来不及把粉末中水溶性的物质溶解出来。最后，研磨咖啡最理想的时间是在煮制之前。因为磨成粉的咖啡容易氧化散失香味，而且如果研磨过多、过早，在储藏时咖啡粉很容易吸味，一不小心就变成"怪味咖啡"了。值得注意的是，购买咖啡粉或选择咖啡店的代磨服务都是劣化风味，降低品质之举，任何咖啡师都应杜绝类似行为。

3. 冲泡水质的要求

冲泡用水要先经过炭过滤，没有异味，中性酸碱度（PH 值为 7 表示中性），有一定的硬度、含碱量和总溶解固体量（TDS：Total Dissolved Solids）。如果水的 TDS 值太高，它的溶解能力就较弱，不能从咖啡粉中萃出充足的可溶解物。水的 TDS 值太低，则冲出的咖啡会有刺舌、粗劣的风味。专业咖啡师应随时关注冲泡用水的 PH 值和 TDS 值，必要时选购净水设备。

4. 萃取水温的控制

理论上，在整个冲泡、萃取过程中，与咖啡粉接触的热水水温应保持在 91℃～94℃，这称之为最佳萃取水温。低于该水温区间，咖啡会呈现出较明显的酸涩味；高于该水温区间，咖啡会呈现出较明显的焦苦味。在实际操作中，还需适当参考其他因素。如果咖啡豆烘焙时间久，温度可偏低一些；如果咖啡豆烘焙时间短，那么最佳温度甚至还可以比 94℃ 稍微高一些。

结束萃取后的咖啡液最佳温度应在 85℃ 左右，这称之为"最佳杯中温度"。

5. 注意冲泡力度和技巧

冲泡是个短暂却富含技术性的步骤。要尽可能精确而轻柔地冲泡，且冲泡时间不宜过长。冲泡时水的温度越高，萃取就越快，如果水温度低了，萃取时间会更长。冲泡好要立刻装杯，装杯前应该先将壶里的咖啡轻轻摇晃，令其浓淡充分混合，使得每杯的咖啡味道都均匀。

项目三　制作茶饮

一、茶饮制作的种类

茶是世界三大饮品之一。茶有着很强的包容性，可以与奶、糖等多种辅料交融，得出更丰富的口感。随着时代的发展，人们对于茶的饮用方式呈现多样化的发展。下面介绍三个大类的茶饮：奶茶、水果茶和花草茶。

（一）奶茶

奶茶是牛奶和红茶的混合饮品，兼具牛奶和茶的双重营养和口味，深受大众喜爱。奶茶在各国制作方法均有所不同且各具特色。大致分为三种：

1. 直接冲泡法

直接冲泡法以英式奶茶为代表。茶杯先经过温杯，然后在杯中依次倒入冲泡好的热茶、牛奶等搅拌而成。

2. 烹煮法

烹煮法以印度奶茶、中国北方奶茶为代表，运用烹煮的方式制成。先煮茶叶，待茶叶煮开后，才加入牛奶并轻轻拌，煮至出现泡沫后熄火。北方奶茶以咸味居多，印度奶茶则以甜味取胜，在印度的奶茶中会添加各种香料，这一点和台湾珍珠奶茶在红茶中添加各式椰果、水果很相似。

3. 拉茶法

拉茶法以港式奶茶、马来西亚奶茶为代表。港式奶茶将茶叶放在一个类似丝袜的冲泡袋中来回冲撞，所以又称为丝袜奶茶。港式奶茶是香港独有的饮品，以其茶味重、偏苦涩、口感爽滑且香醇浓厚为特点。要经过撞茶（拉茶）的工序以保证奶茶中保留茶叶的浓厚感，港式奶茶入口的感觉是先苦涩后甘甜，最后是满口留香。但港式奶茶有较高的热量，长期大量饮用可能会引起身体不适。

（二）水果茶

水果茶是人们出于某种保健目的，将一些对人体有益的水果、瓜果与茶叶一起制成的具有某种效果的饮料。它具有一定的养生功效，色彩艳丽、口感丰富、营养健康，所以成为流行的夏季饮品，深受大众喜爱。常见的有枣茶、梨茶、桔茶、香蕉茶、山楂茶、椰子茶、红心茶等。

（三）花草茶

花草茶是以花卉植物的花蕾、花瓣或嫩叶为材料，经过采收、干燥、加工后制作而成的保健饮品。有一些植物的根、茎、叶、花或皮等部分也可以加以煎煮或冲泡成为具有芳香味道的草本饮料，也可称之为花草茶。花草茶起源于欧洲，一般特指那些不含茶叶成分的香草类饮品，由此可见，花草茶其实是不含"茶叶"的。常见的有菊花茶、玫瑰花茶、茉莉花茶等。花草茶种类繁多、特征各异，因此，在饮用时必须弄清不同种类的花草茶的药理、药效特性，才能充分发挥花草茶的保健功能。花草茶以其时尚又健康的特点赢得了众多人的青睐。

二、茶饮制作的常用配料

1. 茶的选用

奶茶制作中主要以红茶为主，且为了追求不同口感和风味，茶叶以粗细不同、品种各异的多种茶叶（拼配茶）混合，而很少用一种茶叶制作。水果茶多以绿茶、乌龙茶和红茶作为主，一般不用过于细嫩的茶叶。

2. 奶类的选用

奶茶制作中，奶的选择也极大影响着奶茶的口感。港式奶茶多用黑白淡奶、台湾珍珠奶茶多选用三花淡奶，市面上中低档次的奶茶则使用奶精代替淡奶。

3. 水的选用

茶饮制作对于水的要求也极高，一般使用软水，过硬的水会影响茶水的品质。制作中一般使用净水器对水过滤或直接使用纯净水。

4. 糖的选用

茶饮基本上都带有甜味，糖的选用也有一定的讲究。奶茶一般选用白砂糖，少量使用甜蜜素；水果茶、花草茶则根据种类不同，可选择的糖类很多，如：糖浆、蜂蜜、冰糖、红糖、白砂糖等。

三、茶饮制作的基本原则

1. 选择合适的器具

茶饮中的茶起着决定性的因素，不同的茶饮种类对于茶的器具有不同的要求。通常使用瓷、紫砂、陶等材质的壶冲泡茶叶；使用铁、不锈钢、陶等材质的锅或壶来煮茶。而花草茶的冲泡注意不要用金属器皿，因为金属器皿容易和花草茶的成分发生作用，从而使花草茶失去功效和味道。

2. 掌握冲泡温度和时间

不同茶叶，冲泡的温度有所不同。一般来说，细嫩的茶叶温度稍低，粗老的茶叶需使用高温。花草茶的鲜品和干品的冲泡时间也有所不同，一般鲜品泡 3 分钟即可，干品泡制 5 分钟左右，有些花草果实、皮、根等，需要更长时间。

3. 材料搭配原则

现今，越来越多的自创特色茶饮出现，花样繁多，口味丰富，可以根据个人不同口味进行搭配，但一定要遵循酸甜平衡、口味协调、色彩协调的原则，不可一味创新而不考虑搭配的协调性。而传统的茶饮调制流传至今，需要遵循传统的搭配原则，以体现茶饮的原汁原味。但在遵循传统的搭配原则的基础上，可以进行一定的创新，以更符合当代人的品味。

小知识

先倒牛奶后热茶，还是先倒热茶再加牛奶？

根据《YouGov》的统计，将近79%的英国人习惯先倒热茶再加入牛奶，仅有20%的英国人会先倒牛奶再加入热茶。这样的习惯因年龄而异，年长的英国人更有可能先添加牛奶：在 18～24 岁的英国年轻人中，只有 4%的人会先添加牛奶；25～49 岁的类别中，比例上升至 15%；在 50～64 岁的人群中，上升到 24%；最后在 65 岁以上的英国人中，更攀升至 32%。然而，这项看似不起眼的先后顺序，却透露出强烈的阶级内涵。

过去，先倒牛奶再加入热茶的做法，是担心茶杯无法承受温度剧烈改变而破裂，但在贵族的下午茶中，反而会先倒热茶再加入奶，借此凸显皇室器具的质量和地位。随着生活水平日渐提升，英国人也跟随着皇室先茶后奶。

实训项目

项目一　制作鲜榨果汁

实训目标：熟练掌握鲜榨果汁的制作方法。

实训内容：

（1）香蕉牛奶汁的制作；

（2）综合健康果菜汁的制作。

实训方法：教师示范讲解，学生操练，教师指导纠正。

实训步骤：

（1）香蕉牛奶汁的示范、讲解和学生操练；

（2）综合健康果菜汁的示范、讲解和学生操练。

操作过程与考核要点：

一、香蕉牛奶汁

1. 准备物品

所需器具：榨汁机、水果刀、砧板、量杯、果汁杯。

所需原料：香蕉 1 只、柠檬 1/4 个、牛奶 200 毫升、蜂蜜适量、冰块适量。

2. 制作流程

（1）香蕉剥皮切小块，柠檬削皮切 1/4；

（2）将切好的香蕉和柠檬放入榨汁机；

（3）用量杯量取 200 毫升牛奶、蜂蜜 20 毫升一同倒入榨汁机；

（4）取 3~4 块冰块放入榨汁机榨汁即可。

3. 注意事项

（1）注意各用量的配比，可根据个人口味做适当调整；

（2）柠檬外层的表皮和内层的白皮要去掉，以免出现苦味。

4. 考核要点

（1）材料的准备；

（2）水果的切取；

（3）辅料的量取；

（4）制作流程是否正确。

二、综合健康果菜汁

1. 准备物品

所需器具：榨汁机、水果刀、砧板、量杯、果汁杯。

所需原料：苹果 1 个、青椒 80 克、苦瓜 110 克、荷兰芹 120 克、大黄瓜 150 克。

2. 制作流程

（1）将青椒、苦瓜、荷兰芹洗净切小块放进榨汁机；

（2）加一些冷开水进榨汁机榨汁；

（3）苹果、大黄瓜洗净去皮，切小块；

（4）将苹果块、黄瓜块放入打好菜汁的榨汁机中继续榨汁；

（5）菜汁、果汁搅拌混合即可。

3. 注意事项

（1）蔬菜的出水量较少，可加入适当的饮用水；

（2）选用新鲜水果，苹果的籽要先去掉再榨汁。

4. 考核要点

（1）材料的准备；

（2）水果的切取；

（3）制作流程是否正确。

项目二　制作手冲咖啡、爱尔兰咖啡

实训目标：熟练掌握常见咖啡的制作方法。

实训内容：

（1）手冲咖啡制作；

（2）爱尔兰咖啡制作。

实训方法：教师示范讲解，学生操练，教师指导纠正。

实训步骤：

（1）制作手冲咖啡的示范、讲解和学生操练；

（2）制作爱尔兰咖啡的示范、讲解和学生操练。

手冲咖啡视频

操作过程与考核要点：

一、手冲咖啡

1. 准备物品

所需器具：手冲壶、磨豆机、咖啡壶、滤杯、滤纸、电子秤、咖啡杯。

所需原料：咖啡豆适量。

2. 制作流程

（1）折滤纸。按照滤杯的大小折好滤纸，并放入滤杯中。

（2）湿滤纸、温壶/杯。将热水均匀地冲在滤纸上，使滤纸全部湿润，紧贴滤杯壁。湿滤纸起到清洁滤纸的作用，同时温热器具。

（3）取豆、磨豆。取豆，按 1∶10 或 1∶15 的比例。称取好的咖啡豆倒入磨豆机中，调节所需刻度进行研磨，一般磨豆前会用 2~3 克咖啡豆对磨豆机进行清洁，研磨的咖啡粉不宜过细或过粗。

（4）咖啡粉倒入滤杯。将电子秤清零。将磨好的咖啡粉倒入滤杯中，轻轻拍平，放到咖啡壶上，然后放到电子秤上。

（5）闷蒸。用手冲壶轻柔而快速地以顺时针画圈方式向滤纸中的咖啡冲水，水流匀速不淋到滤纸，使咖啡粉均匀湿润。待电子秤上显示达到 20 克重量后停止冲水，打开电子秤的计时按钮，让咖啡焖蒸 30 秒。闷蒸的作用是使咖啡粉充分浸润，激活咖啡粉内部物质，让咖啡得到更加充分的萃取。

（6）手动冲泡。咖啡粉闷蒸完成后，继续注水冲泡。匀速缓慢地以顺时针画圈方式注水，待达到所需的咖啡量便停止注水。

（7）出品。咖啡冲泡完成后，轻轻地摇晃让咖啡与水更加充分地融合，倒入温好的咖啡杯，一杯芳菲四溢的手冲咖啡就完成了。

3. 注意事项

（1）冲水的动作要轻柔匀速，让水充分地浸润咖啡。切勿将水冲到滤纸上，避免水未经过咖啡就直接从滤纸流出。

（2）注意水温和时间的把控，可以借助温度计、电子秤和秒表进行精准测量。

4. 考核要点：

（1）物品的准备；

（2）咖啡豆的研磨；

（3）对水温的把控；

（4）咖啡和水量的配比；

（5）冲泡技巧；

（4）对时间的把控。

如图 6-1 所示。

图 6-1　手冲咖啡

二、爱尔兰咖啡

1. 准备物品

所需器具：爱尔兰杯、酒精架、打火机。

所需原料：爱尔兰威士忌 1/2 至 1 盎司（约 15~30 毫升）、热的浓咖啡一杯、方糖一颗、奶油适量。

2. 制作流程

（1）冲好一杯咖啡；

（2）在爱尔兰杯中放入一颗方糖，加入 20 毫升威士忌；

（3）将酒杯放入酒精架中加热，需不停转动酒杯使方糖逐渐融化；

（4）待杯口冒烟即可拿出，在杯口点火，转动酒杯；

（5）将爱尔兰杯中的威士忌以提拉手法倒入咖啡杯中，再全部倒回爱尔兰杯中，互倒 2~3 次使其充分融合；

（6）在爱尔兰杯中旋转方式挤入奶油；

（7）递上杯垫，出品。

3. 注意事项

（1）放入酒精架加热前可先预热一下杯子，在加热过程中要保持匀速转动；

（2）点火后将爱尔兰杯中的威士忌倒入咖啡杯时会产生较长的火焰，要注意安全，倒的时候要保持一定距离。

调制爱尔兰
咖啡视频

4. 考核要点

（1）物品的准备；

（2）加热时转动杯子的技巧和时间把控；

（3）点火和倒酒的技巧；

（4）挤奶油的方法。

如图 6-2 所示。

图 6-2 爱尔兰咖啡

项目三　制作港式奶茶、水果茶

实训目标：熟练掌握港式奶茶和水果茶的制作方法。

实训内容：

（1）港式奶茶的制作；

（2）水果茶的制作。

实训方法：教师示范讲解，学生操练，教师指导纠正。

实训步骤：

（1）制作港式奶茶的示范、讲解和学生操练；

（2）制作水果茶的示范、讲解和学生操练。

操作过程与考核要点：

一、港式奶茶

1. 准备物品

所需器具：港式奶茶专用冲茶壶、专用冲茶袋、热水壶、吧匙。

所需原料：港式拼配茶粉或红碎茶、三花淡奶或者奶精、砂糖或糖浆（热奶茶配幼砂糖，冻奶茶配糖浆）。

2. 制作流程

（1）以 1 升水配 20 克茶粉的比例准备开水，水以纯净水为佳，将茶粉装入茶袋。

（2）水烧开后一手执茶袋手把，茶袋正下方以热水壶接茶；另一手将开水以顺时针画圈的动作冲入茶袋，这样茶粉可以被均匀冲透。

（3）冲完壶里的水后马上将刚冲入热水壶的茶水拿起再冲入茶袋，如此反复数次。

（4）将刚冲过的茶袋连同茶粉放入壶中，盖上壶盖以小火慢煲烧开。

（5）烧开后加入淡奶及糖，把火关掉焖 15 分钟左右，后取出茶袋。

（6）将冲好的母茶放置保温炉上保温，50℃~60℃之间为好。

3. 注意事项

（1）煮茶的水以纯净水为佳。

（2）撞茶的手法和次数要把握好，在两个壶之间来回倒，均匀撞击茶粉，让茶味更浓郁，更丝滑。

（3）焗茶的时间要把握好，时间长茶味会涩，时间短了茶味就淡了。

（4）加入淡奶及糖后，要适时搅拌，以免出现奶皮。

4. 考核要点

（1）原料和器具的准备。

（2）撞茶的手法和时间把握。

（3）焗茶时间的把握。

（4）加奶和糖的量和调制手法。

二、水果茶

1. 准备物品

所需器具：泡茶器具、滤网、搅拌机、水果刀、砧板、量杯、大的果汁杯。

所需原料：乌龙茶、西瓜、苹果、橙子、金桔、火龙果、西柚糖浆、百香果糖浆。

2. 制作流程

（1）将烧开的纯净水放凉至80℃，冲入乌龙茶中，浸泡五分钟后用滤网倒出茶水，将茶水再次冲入滤网中，来回冲泡几次，将滤出的茶水放置散热，随后放入冰箱冷却。

（2）将切好的一片西瓜、一片苹果和一片橙子放入杯中。

（3）将一片火龙果放入搅拌机，倒入100毫升乌龙茶、20毫升西柚糖浆，加入少量冰块，打开搅拌机搅拌。

（4）将搅拌好的材料倒入盛有水果的杯中。

（5）往杯中放入2~3块冰块，再将一个金桔切半放入，最后添加少许百香果糖浆。

如图6-3所示。

图6-3　水果茶

3. 注意事项

（1）泡茶的水温不宜过高，时间可适当延长。

（2）将茶水散热后放入冰箱冷却，其口感更佳。

（3）水果的选用和搭配可根据个人口味调整，但要遵循口感协调的原则，数量也不可偏多。

（4）注意倒入的茶水量、糖浆和冰块适中，以免出现茶味过淡、过甜等现象。

4. 考核要点

（1）原料和器具的准备。

（2）泡茶的方法。

（3）水果的选用和准备。

（4）制作的流程和方法。

◇拓展阅读

纯正英式下午茶——一种文化，一种艺术，一种身份①

在欧洲，法国的"国饮"是葡萄酒，德国的"国饮"是啤酒，而英国的"国饮"却是与中国相似的茶品。英国是世界上最大的红茶进口国，英国人在日常生活中不可一日无茶，且将茶视为"第一饮品"的"国饮"地位。下午茶在英国代表一种文化、一种艺术，还是一种身份的象征。在英国，有这么一句话：当时钟敲响四下，世上的一切瞬间为茶而停。说的就是英式下午茶。可见英国人吃下午茶的习惯已经深入人心。

英国下午茶的起源

下午茶是英国传统的精华所在，不过它的历史并不悠久。在中国，饮茶的历史可以追溯到公元前 3000 年，而在英国，喝茶的风俗直到 17 世纪 60 年代英王查尔斯二世（King Charles Ⅱ）时期才开始兴盛起来。

而下午茶最早由英国维多利亚时期（Victorian Era，1819—1901）贝德福德郡的公爵夫人安娜（Anna Maria Stanhope）所创，并在 19 世纪 40 年代的时候风靡全英国。根据当时的习惯，贵族的晚餐通常要到晚上 8 点才开始，而公爵夫人常常在下午 4 点左右就会感觉到饥饿，于是她请仆人准备一些茶、面包、黄油和小蛋糕送到她房间里去，吃得甚是惬意。渐渐地，公爵夫人在每天下午 4 点都会邀请三五知己，一同品啜以上等瓷质餐具盛装的香醇好茶，配以精致的三明治和小蛋糕，同享轻松惬意的午后时光。没想到这一做法在当时的贵族社交圈内成为风尚，并逐渐普及到平民阶层。这样的传统一直延续到今日，这是一种优雅自在的下午茶文化，也是正统的英国红茶文化，在英国被认为是招待邻居、朋友甚至是商场客户的最理想的方式。

英式下午茶怎么喝

传统的英式下午茶要求选择家中最好的房间作为聚会的场地，所选取的茶具和茶叶也必须是最高档的。点心也要求精致，盛点心的瓷盘一般为三层。最下面的一层放一些有夹心的味道比较重的咸点心，如三明治、牛角面包等；第二层放的是咸甜结合的点心，一般没有夹心，如英式松饼和培根卷等传统点心；第三层则放蛋糕及水果塔，以及几种小甜品。吃的顺序要遵循由淡而浓、由咸而甜的法则，从三层点心盘的最下层往上吃。

---

① 佚名.怎样才算是一杯正统的"英式奶茶"？让英国人来告诉你答案！［EB/OL］.（2018 年 8 月）［2019 年 3 月］https://www.sohu.com/a/248658140_559303

◇英文服务用语

（一）茶饮服务

1. 询问客人对茶的需求。

a. What kind of tea do you want to drink?

您需要什么茶?

b. Do you want to try dragon well tea here?

您要试试我们这里的龙井茶吗?

c. Here we have green tea, black tea, oolong tea, dragon well tea and so on. Which do you want to have a try?

我们这里有绿茶、红茶、乌龙茶、龙井茶等。您要尝哪一种?

2. 为客人介绍地方小吃。

a. Do you want to try some snacks here?

您要试试我们这里的小吃吗?

b. Here we have many snacks or dim sum, Cantonese style is very famous in China.

我们这里有很多小吃和点心，粤式点心在中国很出名的。

c. When you drink tea, if you choose to eat some snacks with the tea, it will be more delicious.

品茶的时候，配上一些茶点，味道会更好。

3. 回应客人的需求

a. Please wait for a moment, and I will take the tea for you soon.

请稍等，我马上把您的茶拿过来。

b. Please try the dim sum first, and we will prepare your tea immediately.

请您先尝尝点心，我们马上为您备茶。

c. OK. We send it to you at once.

好的，我们马上给您送过来。

d. Sir, here is your black tea. Please enjoy yourself.

先生，这是您的红茶。请慢用。

e. Madam, the jasmine tea is yours, right?

女士，这杯茉莉花茶是您的，对吗?

（二）咖啡服务

1. 询问客人对咖啡的要求。

a. What/ How about Cappuccino?

卡布奇诺怎么样？

b. What kind of coffee do you prefer?

您需要什么咖啡？

c. Would you like something to drink? Skinny Latte or American Coffee?

您需要喝点什么吗？脱脂拿铁还是美式咖啡？

d. Cappuccino, Latte Coffee, Skinny Latte or American Coffee, which would you like, madam?

卡布奇诺，拿铁，脱脂拿铁，美式咖啡，您喜欢哪个，女士？

2. 向客人打招呼。

a. Hi/ Hello, madam.

您好，女士。

b. Good morning, sir, welcome to our Cafe.

早上好，先生，欢迎光临我们咖啡馆。

c. Hello, Linda, welcome to our Cafe again, today you look so beautiful.

你好，琳达，欢迎再次光临我们咖啡馆。今天你真漂亮。

d. Hi, Cathy, you don't come here for a long time. What's up?

你好，凯瑟，你很久没来了。一切都好吗？

◇考核指南

一、知识项目

（1）掌握果蔬饮料的种类及制作原则。

（2）掌握咖啡的种类及制作原则。

（3）掌握软饮料的种类及制作原则。

二、实训项目

（1）掌握香蕉牛奶汁和健康果菜汁的制作方法。

（2）掌握手冲咖啡和爱尔兰咖啡的制作方法。

（3）掌握港式奶茶和水果茶的制作方法。

模块七　酒吧管理

◇学习目标

●知识目标

➤了解酒吧日常管理的知识

➤了解酒水管理的知识

➤掌握酒会的策划、组织和服务程序

●能力目标

➤能够运用酒吧管理知识解决实际案例

➤学会策划、组织酒会和服务酒会

◇项目导入

　　酒吧有哪些工作人员？他们分别是干什么的？酒吧对这些工作人员有什么要求？酒水是如何管理的？酒会又是怎样策划出来的？通过这一模块的学习，可以使学生了解酒吧的日常管理、酒水管理和酒会策划等知识，培养学生策划、组织、服务酒会的能力。

知识项目

项目一　酒吧日常管理

一、酒吧人员管理

（一）酒吧人员岗位职责

1. 酒吧经理（bar manager）岗位职责

（1）根据公司政策，履行公司委派的各项职责，并定期如实地向老板做简要汇报。

（2）保证酒吧处于良好的工作状态和营业状态。

（3）对各种商品进行研究之后再采购，以满足顾客的各种需求。完成既定的销售目标。

（4）负责以下各方面的成本控制：应付职工工资总额、食品、酒水及后勤供给，并以最小的成本换得最优的质量。

（5）定期检查酒吧的卫生，以及各种设备的功能是否正常。

（6）协调酒吧的各种服务功能，监督并激励员工。

（7）负责招聘及解聘员工，检查考勤卡，评估员工表现，进行员工培训。

（8）负责酒吧的安全工作。

（9）负责酒吧的盘存，计算销售成本。

（10）制定酒吧各类酒水销售品种和销售价格，通过合理地定价，有效地宣传及促销，提高酒吧食物和酒水的销量。

（11）制定酒吧各项工作制度和工作服务流程、操作规范和标准。

2. 酒吧副经理（assistant bar manager）岗位职责

（1）协助酒吧经理对各部门主要人员进行考核、评估，提出任免建议。

（2）编排员工工作时间表和休假时间表，督促员工完成各岗位工作任务。

（3）提高服务质量，控制酒水成本，防止浪费，减少损耗。

（4）协助经理制订和实施员工培训计划。

（5）协助经理协调酒吧各部门之间的关系。

（6）开展调查研究，分析酒吧经营管理情况、收集同行业和市场信息，为经理的决策当好参谋助手。

（7）协助经理接待重要宾客，建立良好的公共关系。

（8）广泛听取和收集宾客意见，处理投诉，不断改进工作。

（9）协助经理抓好酒吧内部管理，不断改善员工工作条件，协调员工关系。

（10）完成经理交办的其他任务。

3. 酒吧主管（head bartender）岗位职责

（1）做好员工考勤工作，召开每日例会，传达上级指示，安排当日工作。

（2）注意员工的工作纪律、仪容仪表和礼貌礼节。

（3）检查酒吧每日工作情况，控制出品成本，减少损耗，防止失窃。

（4）填写每日酒水备品提货单，指导员工做好准备工作。

（5）做好每日的盘点工作和存取酒工作。

（6）处理客人投诉，解决员工之间的纠纷。

（7）在营业过程中巡视检查吧台工作，监督酒水、食品的出品和服务过程。

（8）做好每日营业日报表并上交，召开班后例会，提出当日问题。

（9）向上级提出合理化建议。

（10）自己处理不了的事情要及时转报上级。

4. 调酒师（bartender）岗位职责

（1）保持良好的仪容仪表和个人卫生。

（2）认真履行出库手续，做好出库工作，备足当日供应的各种酒水、饮料，补充酒吧的储备，准备冰块和新鲜水果。

（3）做好开台前的准备和收尾工作，保持吧台卫生。

（4）主动、热情、礼貌、耐心、周到地接待客人。

（5）了解酒吧内的酒水、饮料的特性、口感、度数、产地、类型、价格，按正确配方调制酒水，保证酒水质量。

（6）为客人供应酒水、饮料时，适当进行介绍和推荐。

（7）清楚每日的特别介绍和估清单。

（8）保养、维护吧台设施和用品。

（9）按照调酒师的工作流程和规范做好调酒工作，为客人提供正确的、优质的酒水和服务。

（10）不断改进鸡尾酒的配方，提高客人对酒水的满意度，增加酒吧销售收入。

（11）细心观察客人情况，及时提供需求服务。

（12）客人离去后，要尽快清理台面，保持台面和周围环境的卫生状态。

（13）清点库存，及时掌握当日酒水、饮料消耗量。

5. 调酒师助理（bartender assistant）岗位职责

（1）熟知酒吧的酒水及其特点。

（2）制作简单酒水与饮品。

（3）配合调酒师制作、供应各类酒水和鸡尾酒。

（4）按期盘点酒水，准备水果、糖类等原料。

（5）保持吧台各种设备正常运转，搞好责任区和吧台的卫生。

（6）清洗杯具及各类用具。

（7）做好与客人的沟通与及推销工作。

（8）协助培训新进员工。

6. 酒吧服务员（bar waiter/waitress）岗位职责

（1）做好接待前各项准备工作，搞好各区域卫生。

（2）熟悉酒吧的服务程序和规范标准。

（3）熟悉各种酒水品种、价格，各种杯具的特点和饮用方式。

（4）热情迎宾，为客人合理安排座位。

（5）根据客人需求介绍酒水、促销活动，接受点单。

（6）将点单及时送到调酒师和收银员。

（7）按照客人要求准确无误地提供酒水、饮料。

（8）巡台，及时整理桌面卫生，把杯具送入洗杯间。

（9）客人有不满和投诉应及时反映。

（10）送客，致谢。提醒客人带好随身物品，检查客人有无遗忘物品在桌面，如有，应及时通知客人或上交上级处理。

7. 吧员（bar utility/back）岗位职责

（1）提取当天所需物品和备足各类器皿，做好营业前的准备工作。

（2）保持酒吧内外环境整洁，杜绝一切与吧台无关的人员进入吧台。

（3）检查各电器开关，爱护酒吧设备及财产，妥善保管好一切物品，减少酒水浪费和降低用具的破损率。

（4）接收落单服务员的点单后，明确所点物品，看清小票上的品名、单位、数量、日期、要求，凭单出品。

（5）保持个人卫生，穿戴围裙、帽子、手套等，避免头发或其他不洁物品掉入出品。

（6）出品前保证每样用料无变质、霉烂现象，每件杯具洁净，无水渍、污渍、手印或异味。

（7）各类酒水、配料用完后将瓶口抹干净，不能留有残液。

（8）各类用具如砧板、刀具、吧匙、榨汁机应随用随洗。

（9）常洗手，做完一个出品后洗干净手再做第二个出品。

（10）取用杯具时避免接触杯口，应拿杯具底部。

（11）各类杯具分类摆放，雪柜、保鲜柜、陈列柜、果架、操作台每日清洗，保持干净无异味。

（12）严格按照酒吧的酒谱、出品规范和标准出品酒水。

（二）员工培训与考核

1. 员工培训

培训是酒吧管理的一项基本功能，可以说是酒吧管理最有效、最有价值的工具。培训的目的在于使员工更快更有效地掌握工作需要的知识和服务技能，提升员工的工作水平和个人素质，进一步挖掘员工的潜力，发挥员工的积极性，提高员工的劳动能力和自信心，从而达到更好经营和管理酒吧的目标。培训内容一般包含以下几个方面：

（1）职业道德和个人素质。

（2）各部门和岗位的职责和要求。

（3）日常操作规范与技巧、服务流程、服务细节、服务意识。

（4）服务用具的认识和使用。

（5）练习点单和酒吧其他单据的填写。

（6）营业过程中的突发事件处理和客人投诉的处理。

（7）消防知识、消防设施的摆放位置和使用。

有效的员工培训能够产生以下的积极作用：

（1）提高服务质量和工作效率。培训可以使员工掌握设备的性能和服务的规范，有效提高员工的素质、技能和自信心，提高员工的劳动生产率和服务质量，避免因服务不周影响酒吧声誉。

（2）减少员工纠纷和流失。培训可以让员工加深对酒吧、各部门和岗位人员的认识和了解，有助于改善员工关系和协调各部门关系。

（3）减轻管理人员负担。经过培训后，员工的工作水平和思想认识得到提高，管理人员在监督工作、指导员工和管理酒吧方面都可以相应地减少负担。

（4）减少开支。员工按照要求和规范操作设施设备，给客人提供良好的产品和服务，可以有效减少维修设备、原料损耗、顾客索赔等开支。

2. 员工考核

酒吧员工考核是指按照一定的标准，采用科学的方法，考核评定酒吧员工对岗位职责的履行程度，以确定其工作成绩的管理方法。酒吧员工的考核目的在于通过对员工进行综合全面的评价，评定他们是否称职，并以此为依据，实施员工的培训、报酬、晋升、调动、辞退等行为。

对员工的考核一般涉及以下几个方面的内容：

（1）工作知识。包括与工作相关的知识、技能，酒吧的制度、指令、操作规范、服务标准，环境和设备相关情况。

（2）工作态度。能否对工作认真负责，积极主动地寻求解决问题和改善工作的方法。

（3）分析和观察能力。能独立发现问题，找出原因。

（4）协调能力。是否能为了酒吧的利益与其他员工合作。

（5）工作能力。正确、妥善地完成工作。

（6）开发能力。吧员和服务员是否具有潜在开发的能力，管理层能否挖掘和调动员工现有的和潜在的能力。

二、酒吧质量管理

（一）酒水服务质量管理

对于一个酒吧来说，其经营成功与否与酒吧的酒水服务质量管理有关。调酒师的服务质量、酒水的供应质量、酒水服务质量，无不关系着顾客的满意度、再次消费的动力和酒吧的口碑。

1. 调酒师的服务质量

调酒师在服务时要礼貌周到，面带微笑，操作熟练。要熟悉酒水牌的内容、各种酒品的特点，能回答顾客提出的关于酒水牌、酒水特性的问题，在客人需要时能根据客人的特点进行推荐。

2. 酒水的供应质量

酒吧应根据各种酒水的特性和保存条件分类储藏，防止保存不当酒水变质，降低顾客对酒吧服务的认可度。调酒师应按照本酒吧的标准酒单、标准服务操作规范调制酒水，按照配方要求配置出品，不任意替换材料或减少分量，更不能使用过期或变质的酒水。凡是不合格的饮品都不能出售给顾客。

3. 酒水服务质量

以"为客人提供优质服务"为核心开展工作，制定岗位素质要求。服务员要有服务意识、服务技能、岗位责任心。如客人觉得冰水太凉，需要换热水，不能推说没有或者不理睬。服务员要有交流技能，能够解答客人对酒水方面的疑问，客人需要推荐时，能为客人推荐符合其需求的酒水；如不能满足顾客需求时，应礼貌表示抱歉，说明情况。

（二）安全与卫生管理

酒吧安全与卫生管理是酒吧经营管理中十分重要的一部分。如果发生火灾、食物中毒、顾客受伤等事件，轻则使酒吧财产遭受损失，酒吧声誉受损；重则危害员工和顾客的生命安全，酒吧经营者也必须承担相关法律责任。做好酒吧的安全和卫生管理，是酒吧良好经营的基本要求。

1. 酒吧安全管理

（1）酒吧应做好防火措施，定期派专人进行防火检查。培养员工的消防安全意识，培训员工正确操作工作电器以及正确使用消防器材。

（2）制定火灾疏散方案，通过培训让员工明确一旦火灾发生，如何及时有效地组织人员疏散，把酒吧的重要财产及文件资料撤离到安全地方，将火灾带来的损失降到最小。

（3）制定完善的防盗措施，由专人负责管理钥匙，防止外部人员偷窃酒吧营业中的现金、酒水、贵重财物、设备等。

（4）严格把关员工入职关口，录用素质较好的人员，加强日常防范管理，做好每日酒水盘点、物品清查、营业额清算等工作。发现员工有私吞、盗窃的行为，根据情节严重程度进行处理。

（5）加强食品安全管理，按要求妥善存放食品。超过保质期的、密封食品开封后不能及时消耗的、发现霉变的食品，坚决不用。

（6）加强采购管理，从正规渠道采购食品，禁止采购假冒劣质食品，杜绝以次充好、掺杂掺假等情况。

（7）过量饮酒会导致酒精中毒，当发现顾客已经醉酒时，不应向顾客继续提供酒水，应劝其离开酒吧。

（8）调酒师调酒时，应注意基酒、辅料、调味料之间是否会产生化学反应，是否会引发酒精中毒。

（9）在对酒具和杯具进行清洗、消毒时，可能会使用化学清洁剂或消毒剂，清洗时应远离食品和酒水；清洁后的杯具、酒具、水果，要用大量清水冲洗，避免造成食物中毒。

（10）保持地面清洁和干燥，没有障碍物，避免有人摔倒跌伤。

（11）服务员取放物品要稳妥，走路小心缓慢，注意避让客人。

（12）严格遵守操作规程，注意操作安全。加工水果时要集中精力，正确使用刀具，避免被割伤；处理破损杯具时应特别留意不要直接接触破损处，避免被刺伤；正确使用搅拌机等切割设备，避免手指搅入；使用热水、蒸锅、烤箱时应避免直接接触蒸汽和发烫的器具，避免被烫伤；使用电器时应保持双手干燥，检查线路安全，避免电击受伤。

2. 酒吧卫生管理

（1）保持酒吧地面干净。营业前管理人员要检查清洁卫生工作，在营业过程中清洁人员要经常检查地面是否有脏物、污物，发现了要及时清理。

（2）酒吧洗手间是顾客接触较多的地方，也是最不容易保持卫生干净的地方。因此清洁人员要常常巡视，及时清洁，并按需使用清洁剂和消毒剂。

（3）冷藏柜、冷冻柜、冰箱等设备，应定期除霜、清理，过期的和保存过久的物品要移除清理；陈列柜、搅拌机等也要定期深度清洁，保持无异味无霉变。

（4）酒吧吧台、桌椅、柜子及待客桌椅沙发要保持清洁干燥，必要时需打蜡上光，以免给客人留下不洁净、污损等不良印象。

（4）酒吧员工要做好个人卫生，保持良好的个人形象，给客人一种放心、舒服的感觉。员工要养成良好的卫生习惯，勤洗手、勤洗澡、勤刷牙、勤理发，头发梳理整齐，不留长指甲，不涂有颜色的指甲油，上班前避免吃葱、蒜、韭菜、海鲜等有异味的食物，保持口气清新。

（5）酒吧要遵守国家和地方的卫生法规，制定本酒吧的具体卫生管理制度，做好卫生防范工作，防止病毒感染、食品和酒水污染。

（6）酒吧从业人员要持健康证上岗，定期参加体检。

（7）酒吧的常用器具需要定期清洗和消毒。消毒后的器具应在防尘、防蝇虫的专柜中存放，避免再次污染。废弃物、泔水等应用密封容器存放，日产日清。

（8）采购新鲜水果应选择可靠的供应商，清洗水果时注意洗掉残余农药，沥干水后存放在冰箱中；按所需的分量榨取果汁，避免剩余鲜榨果汁污染、变质。

（9）榨汁机、果汁桶、砧板、刀具、果皮刨子等应随用随洗，收工后及时清洁消毒。

项目二　酒水管理

一、酒水采购与储存管理

（一）酒水采购管理

为了满足顾客需求，保证酒吧正常经营，酒吧要定期进行采购，提供数量合适、价格比较合理的酒水。

1. 制订采购计划

（1）采购范围包括：酒吧日常用具、各类进口和国产酒类、各类水果、佐酒小食品及半成品原料、各种调味品和其他杂项物品。

（2）采购项目包含：酒水类如餐前开胃酒、鸡尾酒、白兰地、威士忌、金酒、朗姆酒、伏特加、啤酒、葡萄酒、咖啡、茶等；小吃类如饼干类、坚果类、蜜饯类、肉干类、干鱼片、干鱿鱼丝、油炸小吃、三明治等；水果拼盘类如水果拼盘、瓜果品等。

2. 采购流程管理

（1）选定合格的采购员。采购员应具备丰富的酒水知识，了解各种原料的用途、质量标准、顾客对酒水和食品的喜好和选择；熟悉原料的采购渠道，掌握一定的采购技巧，知道进价和售价的核算方法，熟悉原料的规格和质量，有鉴别优劣的能力；具备良好的职业道德，诚实可靠。

（2）制定采购的基本要求。要考虑酒水的日常销售量，酒吧的储藏能力，市场的供应状况，酒水、食品原料的储藏特点和保质期，采购量应符合保持酒吧经营所需和适当存货。保证各种酒水、食品的质量符合要求。在保证质量的前提下以最低价格进货。

（3）填写请购单，请酒吧管理人员审批。填写订购单，发送给酒水、食品供应单位，核对发来的酒水、食品数量和规格。填写采购明细单，记录供应商、供货时间、品种、数量、单价等情况，以便仓管人员验收、登记入库。

（二）酒水储藏管理

正确储藏酒水和食品，能有效防止原料变质、腐败或遭偷盗、私自挪动等损耗，有利于降低酒吧的经营成本。酒水储藏室应靠近酒吧，设立在出入方便、易于监视的地方，这样可以方便发料，减少安全隐患。此外，还可以在消费场所设立酒水储藏室，存放一定数量的酒品，以应付日常的消费。酒水储藏室大多采用酒柜的形式，有一定的制冷设备，方便控制酒品的储存温度。酒水储藏室使用方便，便于服务，减少了多次往返取货的麻烦。

1. 酒水储藏室配备用具

（1）木质或金属结构的酒架，架子不必太深太高，便于拿取。每层上都要有格架，把架子纵向隔成若干小格，以便按品种堆放酒品。

（2）梯子。便于存货、取货。

（3）推车。用于搬运货物。

2. 储藏室条件

（1）有足够的贮存和活动空间，通风透气，保持适当的温度和干湿度。活动空间要适当宽敞，利于货物进出和挪动，避免事故发生，也可以保持空气流通，有利于员工呼吸，保持储藏室的干燥，避免因酒精挥发过多而造成危险。但要注意，过分干燥的环境可能会引起软木塞干裂，造成酒液过量挥发。

（2）避免阳光照射。阳光直射会加速酒的氧化，对酒水品质造成破坏。酒水储藏室最好采用人工照明，照明方式和强度可受到适当控制。

（3）防震动干扰。酒品在震动后容易早熟，造成酒的品质下降。许多名贵的葡萄酒在长期受震动后（如运输震动），常需"休息"两个星期，才可以恢复原来的风味。

（4）储藏室应保持卫生清洁，应防潮、防霉，防鼠，不要留存杂物和空箱子，注意消防安全。

（5）分类储藏，便于职工认领酒水。入库的酒品都要登记，每一类酒品要标有卡片，写上酒的名称、规格、产地、生产时间、保质期、标价等内容，方便酒水管理与盘点。同类饮料应存放在一起，按品牌分类。

（6）合理放置。凡是软木塞瓶子都需要横置，酒瓶横放时，酒液会浸润瓶塞，起到隔绝空气的作用，横置是葡萄酒的主要堆放方式。蒸馏酒的瓶子大多要竖置，以便酒瓶中酒液的挥发，达到降低酒精含量、改善酒质的目的。酒品一旦放置好，不要随意挪动，避免酒瓶晃动使沉淀物泛起。

二、酒水生产与销售管理

（一）酒水生产管理

酒水生产的标准化是酒水成本控制的重要途径，也是保证酒水出品质量稳定的基础，它能确保出品符合顾客的期望。酒水生产的标准化管理包括酒谱（含配方与调制方法）、载杯、装饰、酒牌、售价和服务的标准化。

1. 酒谱标准化

标准酒谱能确保出品质量保持恒定，包括口味、酒精和调制方法等，它也是控制成本的重要工具。标准酒谱应根据客人需求，经过多次调制试验，经顾客与专家品尝评价后整理得到。酒吧应提供量杯、调酒器和饮料自动配售系统等工具，以便调酒师能精确地测量酒水用量。标准酒谱应包括调制酒品所需的原料名称、品牌、年份、用量等，并说明调制方法。如图 7-1 所示：

黛克瑞 DAIQUIRI			
以朗姆酒为基酒中最具代表性的鸡尾酒。			
基酒：白色朗姆酒	此鸡尾酒的名称，是十九世纪末，古巴黛克瑞矿山的技师们将朗姆酒用莱姆汁稀释饮用得来的。清爽中带有甜味就是它受欢迎的秘诀。		
技法：摇汤法			
风味：口感	调制法	摇匀后，倒入鸡尾酒杯中即可。	
酒精度：24 度			
TPO：餐前	材料	白色朗姆酒　　　45ml莱姆汁　　　　　15ml糖浆　　　　　　1tspTripe Sec	
季节：四季			

图 7-1　标准酒谱

2. 载杯标准化

载杯种类繁多，大小、规格、式样各不相同，需根据预期的宾客喜好、出品需要或国际通用的要求进行选定。

3. 装饰标准化

鸡尾酒装饰用料繁多，常用的有柠檬片、柠檬角、柠檬片旋片、菠萝片、黄瓜皮、樱桃、小纸伞、装饰叶片、花草等。出品的装饰物名称、装饰方法要标准化。

4. 酒牌标准化

使用标准酒牌的酒是控制存货和向顾客提供质量稳定的饮料的最好方法之一。假如顾客指定某一品牌的威士忌配置鸡尾酒，而酒吧却使用了低质量或其他品牌的酒来代替，将会使顾客感到不满，并影响酒吧声誉。

5. 售价标准化

规定出品的销售价格，并保证一定时期内价格相对稳定。

6. 服务标准化

服务方式的标准化，规定不同出品的服务用具、温度、服务方法和程序等。

（二）酒水销售管理

酒吧经营中常见的酒水销售形式有杯售、瓶售和混合销售。不管是何种销售形式，酒吧都会通过多种营销手段努力吸引更多的顾客以及获得顾客的认同感，实现更高的经营利益。

1. 酒水销售形式

（1）杯售（零杯销售），是酒吧中常见的一种销售形式，常用于烈性酒如白兰地、威士忌等酒的销售，葡萄酒偶尔也会采用零杯销售的方式销售。零杯销售的控制应在确定标准计量的前提下，计算每瓶酒的销售份额，然后统计单位时间内的销售分数，核对营业额，即可了解杯售的情况。

（2）瓶售（整瓶销售），是指酒水以瓶为单位进行销售。为鼓励客人消费，通常用低于杯售10%~20%的价格销售整瓶酒水。

（3）混合销售（配置销售），是指混合饮料和鸡尾酒的销售。这类酒在酒水销售中所占比例较大，涉及的酒水品种较多，管理起来难度较大。最有效的手段是建立标准酒谱，酒谱中的标准配方标注了每一种混合饮料所使用的调配材料的标准用量，有利于进行成本核算。酒吧管理人员根据鸡尾酒的配方计算出某一酒品在某段时期的使用数量，然后再按标准计量还原成整瓶数从而进行成本控制。

2. 酒水营销

（1）酒水促销。为了扩大酒吧知名度、提高销售业绩，酒吧常常会进行酒水促销活动。常见的酒水促销手段有：免费赠送饮品、小食品、小礼品；在特定时间或特定条件下享受折扣优惠；设立有奖销售；制定较为优惠的配套服务如情侣套餐、一条龙服务等；在特定时期组织活动，如在"万圣节"推出假面具酒会活动，促使更多消费者来参加。

（2）酒水推销。酒吧员工直接向目标顾客介绍产品、宣传活动，促使顾客购买。服务人员在与顾客面对面的服务中，可根据各类顾客的特点、需求等采取相应的沟通和销售策略，根据对方的反应，及时调整自己的推销策略。

项目三 酒会策划

一、酒会概述

酒会又称鸡尾酒会（cocktail party），是一种以提供酒水为主、小食为辅的宴会形式。酒会形式相比正式宴会而言，经济、简便、轻松、活泼，通常不设桌椅，仅有小桌（或茶几），不排席次，以便客人随意走动，接触交谈。酒会举行的时间也比较自由，中午、下午、晚上均可，酒会请柬上一般会注明活动延续的时间，客人在活动期间到场、退场都比较自由。酒会起源于欧美，一直被沿用至今，并在人们社交活动方式中占有重要地位。

按照组织形式来划分，酒会有两大类，一类是专门酒会，一类是正规宴会前的酒会。专门酒会单独举行，主要内容包括签到、组织者和来宾致辞，有些酒会还有文艺歌舞表演。专门酒会又分为自助餐酒会（buffet cocktail party）和小食酒会（snack cocktail party），自助餐酒一般在午餐或晚餐的时候举行，而小食酒会则多在下午茶的时候举行。正规宴会前的酒会比较简单，只是在宴会前召集客人，在较盛大的宴会召开前不致使等待着的客人受冷落。

近年来，国际上举办大型活动采用酒会形式日渐普遍，酒会常见于庆祝各种节日，重大事件如婚庆、开（闭）幕典礼、文艺和体育演出前后、欢迎代表团访问、商务公共活动等。

二、酒会方案策划

1. 了解需求

了解客人的需求是策划酒会活动的前提。这些信息包括：

（1）主办单位名称或主人的姓名及身份；

（2）酒会的目的；

（3）酒会的规格标准；

（4）被邀请人的信息，如宾客的国籍、风俗习惯、宗教信仰、生活禁忌等特别需求；

（5）酒会举办的日期、时间；

（6）参加酒会的人数；

（7）酒会的流程；

（8）有无其他要求，如设席次表、座位卡、音乐或文艺表演，是否需要停车位，特别设施设备，设置吸烟区，酒水食品要求，鲜花要求，酒会布置要求，效果要求等。

2. 制订酒会策划方案

酒会策划方案应包含以下几点内容：

（1）酒会时间；

（2）酒会地点；

（3）酒会主题；

（4）酒会参与人员、预计人数；

（5）酒会策划的具体内容安排；

（6）酒会工作人员安排；

（7）酒会收费方式。

3. 人员配置和分工

根据酒会需求进行人员配置和分工，通常需要设总负责人、区域负责人、迎宾员、值台服务员、餐台服务员、调酒师、音响师、灯光师、摄影师、主持人等岗位。各岗位人员应明确自己的分工明细，责任到人，要有主人翁意识。

4. 场地布置

根据酒会的性质、主办方的需求和参加酒会的人数，进行场地布置和台型设计。酒会场地一般选择比较开阔的地方，如室外草坪上、庭院里、沙滩、花园、游泳池畔、酒店宴会厅等。台型布局方面，可设一些小桌、椅子，以便客人自由落座或供部分需要的宾客（老弱妇孺）使用，并考虑如何设置文艺表演的场地，主持人和嘉宾的致辞位置，工作台（餐台）的位置，客人进出的通道、服务人员的服务通道。会场物料包括产品、产品展示台、产品手册、礼品（商务活动的需要）、背景、横幅、接待台、鲜花花束、胸花、透明玻璃水杯、音响、麦克风、投影设备、电脑、酒水、食品等。

5. 酒单、菜单设计

根据酒会标准、酒会人数进行酒单和菜单的设计，尽可能做到品种多样，满足不同客人的需求。

（1）酒会的酒水配置应充分考虑客人的需求，既要有酒精饮料，也要有非酒精饮料（软饮料），酒会一般很少提供高度酒。

（2）鸡尾酒会的小食是佐酒用的，不能代替正餐，通常为炸薯片、炸洋葱圈、炸鸡翅、炸薯条、牙签串小食、蛋糕、三明治、面包托、烤香肠等。但是高级酒会也会提供大餐（通常有龙虾、刺身、鱼虾、牛羊肉等）。

6. 餐酒具配置

酒会组织者要根据酒会人数、供应酒水小食的数量估算出所需用的餐具载杯的种类、名称和数量并进行准备。

（1）瓷器类：餐碟、茶杯等；

（2）金属餐具类：点心叉、咖啡勺、服务叉、服务勺等；

（3）玻璃器皿类：根据酒会酒单提供相应的载杯如饮料杯、红葡萄酒杯、白葡萄酒杯、香槟杯、鸡尾酒杯等；

（4）其他：牙签、餐巾纸、搅棒、冰桶、冰夹、托盘等。

三、酒会服务程序

1. 酒会前的准备工作

（1）根据主办方的要求和现场条件布置酒会场地；

（2）准备好数量合适的小桌，铺上台布，摆好餐巾纸、杯具、盘碟、牙签筒、鲜花、花瓶等，摆设要美观；

（3）根据酒会通知单备足各类酒水饮料食品；

（4）备齐各种调酒专用工具；

（5）检查酒会服务人员的仪容仪表；

（6）酒会开始前几分钟，服务员站在酒会入场处准备迎宾（有签到程序的，需摆放签到台，引领宾客签到）。

2. 酒会中的服务

（1）各种酒品饮料由服务员托让（鸡尾酒由宾客在酒台直接向调酒师要，现要现调）。由于宾客是立餐，流动性大，因此服务员在托让酒时的姿势必须规范，用一只手托托盘，另一只手随时准备向前伸展，护住托盘。托让酒水时，必须精神集中，注意向前后左右，主动将酒品饮料送给客人。行走时如宾客过多、拥挤，无法通过，要客气地对宾客说"对不起，请让一下"，待宾客让开时通过，绝不能用手推拉宾客而强行通过。在酒品饮料设计中，大型鸡尾酒可作为特饮在鸡尾酒会中出现。

（2）当宾主祝酒时托让酒水一定要及时，如有香槟酒，要保证祝酒时人手一杯香槟酒。

（3）托让酒水要注意配合，服务员不要同时进入场地，又同时返回，造成场内无人服务。

（4）要有专人负责回收空酒杯，以保持桌面清洁。托让酒水的服务员不要边托让酒水边收空杯，那样很不卫生。但有时宾客会把刚用过的酒杯主动放在服务员的托盘上而另换饮料，遇到这种情况，也不必制止宾客，以免造成误会。

（5）在鸡尾酒会开始前半小时把各种干果摆在小桌上，开始前十分钟把各种面包摆在小桌上。

（6）鸡尾酒会开始后，陆续上各种热菜热点，并随时注意撤回各种空盘。由于鸡尾酒会的桌面小，冷、热食品较多，服务中要抓紧时间清理桌面，保持桌面清洁。

（7）托让小吃的服务员最好跟在酒水服务员的后面，以便宾客取食下酒。

（8）要注意照顾距小桌较远的宾客，特别是坐在厅堂两侧的女宾和年老体弱者。

（9）在鸡尾酒会结束前，给每张小桌上摆放一盘香巾，香巾的数量不少于该桌宾客数。

（10）鸡尾酒会结束，仍有宾客未离开时，应留有专人继续服务。

3. 酒会的结束工作

（1）鸡尾酒会结束时，服务员应热情礼貌地欢送客人，并欢迎宾客再次光临。

（2）如有宾客自带酒水，应马上点数，请宾客过目。

（3）清洗餐具，清扫场地。

小知识

调酒师的职业要求

★掌握调酒技巧

调酒师应正确使用设备和用具，熟练掌握操作程序。此外，在调酒时调酒动作、姿势等也会影响到酒水的质量和口味。而现在风靡世界的花式调酒更是融入了酒吧的表演中，有效活跃了酒吧气氛，提高了娱乐性，深受客人欢迎。

★了解酒背后的文化习俗

一种酒代表了酒产地居民的生活习俗。不同地方的客人有不同的饮食风俗、宗教信仰和习惯等。饮什么酒，在调酒时用什么辅料都要考虑，如果推荐给客人的酒不合适便会影响到客人的兴致，甚至还有可能冒犯顾客的信仰。

★具备较好的气质

对调酒师身高和容貌有一定的要求，当然也并非要求靓丽如偶像明星，关键是要有得体的服饰、良好的仪表、高雅的风度和亲善的表情展示出来的个人气质。此外，心态平和，喜欢和人打交道的个性对于顺利从业也有很大的帮助。

★英语知识很重要

首先是要认识酒标。酒吧里很多酒都是国外生产的，酒标用英文标识。调酒师必须能够看懂酒标，选酒时才不会出差错。如果调酒师对英文标识的酒标不熟悉，还要慢慢找，也会让客人等得心急产生怨言。其次，酒吧里的客人经常会有许多外国人，调酒师也要懂一些英语才能与客人交流。

实训项目

项目一　酒吧投诉事件处理

实训目标：处理投诉事件是酒吧经营管理中常有的事，酒吧员工和管理者应具备灵活处理各类特殊事件的能力。通过本项目实训，培养学生特殊事件预防的能力，采取有效措施的良好意识，及时、合理处理投诉事件的能力，以免惊慌失措，处理不当导致不良后果。

实训内容：根据案例进行分组讨论并演示处理投诉的情景，了解和掌握处理酒吧投诉的方法。

案例一：世界杯期间，某酒吧几乎每晚满客。有一次，除了一张四人桌已被预订，其他座位均已坐满。预订的客人还没有到，这时酒吧来了6位客人，要求要坐这张被预订桌子。酒吧服务员很是为难，因为预订还未到规定时间，理应为预订客人保留桌子，如果同意给这6位客人坐的话，有失诚信；不同意的话，就会流失这6位客户，酒吧的经济损失也挺大。该怎么处理呢？

案例二：预订的客人到酒吧后，看到预订的座位被占用了，很不满。虽然主管主动出来解释和提出解决方案，但是客人对于酒吧提出在角落处加桌的建议表示难以接受，因为在那里看电视屏幕的角度不好，于是愤怒地表示商家没有信誉，要找经理投诉。

案例三：一日，某酒吧的服务员甲在为A客人上啤酒时，见A客人正在和他朋友谈事情，就没有打断他们的谈话，把托盘上的4瓶百威啤酒放在了A客人的桌上就转身离开了。过了一会儿，A客人谈话结束，发现酒上错了，立刻叫住身边走过的服务员乙说："我要的是蓝带啤酒，怎么给我上百威了？"服务员乙说："不是我上的，不关我的事，你找刚才给你上酒的服务员说吧。"说完转身就走了。客人认不得刚才是哪个服务员上的酒，又见没有人处理这个问题，只好气呼呼地找经理投诉了。

实训方法：分组讨论、情景表演、观摩总结。

实训步骤：

（1）教师将学生分成若干个小组，给每个小组一个特定的案例，要求该组学生进行讨论；

（2）请各组学生将本组案例的情景以恰当和不恰当两种方式表演出来；

（3）请其他小组观摩，最后师生一起总结经验。

考核要点：酒吧服务程序；酒吧投诉事件应变与处理的方法。

案例处理方法参考：

案例一处理方法：服务员请示酒吧主管，主管考虑到预订的客人不知道何时能到，而且根据工作经验，客人也有可能会临时取消预订，不如先安排目前已到的这6位客人入座，等待后面预订的客人到来时再进行解释和加桌。

案例二处理方法：经理向客人表示抱歉和解释，由于世界杯期间客人较多，刚才一时之间客人太多，没有照顾过来，导致原预定的座位被占了，了解到客人对于在角落处加桌的建议不满意，经理提出为了弥补此次工作疏忽给客人带来的不愉快，可以给客人赠送一瓶价值600元的芝华士和一个大果盘，客人欣然同意了。这样，酒吧婉转地向客人表示是工作疏忽而不是有意不保留座位，既没有使酒吧失去诚信，同时保留了两拨客人，使客人都满意。一瓶芝华士进价168元，果盘10元，换回一个至少上千元的消费大单，为酒吧创造了利润，巧妙地解决了问题。

案例三处理方法：经理首先应该先让服务员根据点单把送错的酒水撤回，送上正确的酒水。其次，经理向客人表示抱歉，并表示会对员工不恰当的工作态度进行批评教育，保证会提高服务员的服务质量。如果客人继续不依不饶，经理可以表示送一点小食给客人，使客人消气。其实，客人对服务员的服务质量和服务态度不满意，导致投诉，这说明了酒吧服务质量管理对于客户满意和酒吧经营是相当重要的。如果酒吧管理人员对于投诉的处理不当，比如语言不当、态度不端正等，还有可能会导致投诉继续升级，甚至是肢体冲突，从"小事"变成"大事"。酒吧管理人员和服务员都应该明白，客人投诉时，他所关心的是尽快解决问题，他只知道这是酒吧的责任，而不是说这是哪个人的问题。所以，接待投诉客人，首要的是先解决客人所反映的问题，而不是追究责任，更不能当着客人的面互相推脱，推诿责任。

项目二 校园酒会策划

实训目标：通过本项目实训，使学生对酒吧服务与管理工作有更深层次的了解，在学习理论知识之后，结合酒会活动的实际市场调研、活动策划、活动组织、酒水服务和管理，培养学生会服务，懂管理，贴近行业，模拟实战，增强就业能力和社会竞争力。

实训内容：结合学习期间的节假日或者课程汇报（如元旦酒会或课程考查汇报），组织策划一场酒会活动，面向本专业同学进行销售（可单杯销售）。活动期间，以小组为单位独立进行酒水的出品、销售和服务。

实训方法：在教师指导下，学生分组（6~8人）进行校内调研、策划和组织一场校园酒会、活动展示、评议。

实训步骤：

（1）策划调研：确定酒会的目的和参加人数。

（2）前期准备：确定活动方案并提交可行性报告，实施方案。

（3）物品采购：整个酒会活动涉及的所有物品，包括酒水、小吃、水果等。

（4）流程设计：嘉宾入场安排、主持人讲话、服务分工、服务过程。

（5）现场布置：调酒器具、餐台、装饰物等。

（6）效果评价：请参加酒会的同学代表进行打分、评价，再由教师进行点评。

考核要点：酒会服务知识、酒会策划组织能力。

◇拓展阅读

商务酒会礼仪①

1. 商务酒会着装

如果你现在应邀参加一个商务酒会，你一定希望在酒会上表现得体，不喧宾夺主，不

---

① 本文引自 豆瓣小组. 不可不知的商务酒会礼仪［EB/OL］.（2011年4月）［2019年3月］https://www.douban.com/group/topic/19397147/，有改动。

尴尬丢脸。那就让我们来了解下酒会上正确的着装和言行举止吧。

如果你只是一个无名小卒，穿着燕尾服出场，却不想酒会中很多人以为你是个服务生，那真是尴尬极了。正如女生千万别穿红旗袍去参加别人的婚礼，因为那一天最鲜艳的权利不应该属于你，这是一种教养，得体是一切着装原则的基础。

出席商务酒会，穿着不要过于隆重。建议女士多用华丽和高品质配饰，服装要有半正式感。出席商务酒会的着装留有一点工作状态是最好的，所以可以保持一点职场的风情。这时候简单、保险而不过时就是"黑白配"了。将白色衬衣下摆塞进盖过肚脐的高腰黑色半身裙中，裙摆盖没膝盖，是最佳搭配比例，它不仅修饰身材，更平添一丝知性与优雅。你还可以在小黑裙上套上质地精良的一件小西服。西服的颜色，可以选择米灰色、云灰色、柔灰色。如果你是一个重要的角色，那么缎子白的小西服和小黑裙搭配则会让你从人群里脱颖而出。

丝巾可以使一个爱裤装的职业女性保持女性的柔媚。优质丝巾是十分百搭的，可以在包里塞条质地优良的亮色大幅丝巾或披肩，把它披在日常通勤的灰色系西装外套与半身裙外，虽不够花心思，至少也能应付一些商务场合。

高跟鞋是女士必不可少的。鞋子最好是色泽纯正的黑色或深色，船型，材质考究，款式经典，可以准许在鞋面上有金属点缀。但要注意的是，商务酒会一般人们都是站着交流的，女士请选择一双舒适的鞋子，不要选那种"恨天高"，这样可以让你一晚上以舒服的姿势优雅站立。

关于手袋，不要拎太大的手袋，这会给你的优雅形象减分，也不建议拎晚宴的那种手抓袋（clutch），因为你要在商务酒会上时时与人握手，所以最好带一个可以套在手腕上的手袋，这样既方便一手拿酒杯，一手随时准备与他人握手。

至于男士，可以从领带开始改变，爱打领带的男士用长方形的丝巾，系一个贵族风采的领结，将它的尾端放在衬衣的领口里面，衬衣的最上面两颗扣子是解开的。丝巾和衬衣的颜色要协调或者互补。如果你不是色彩搭配高手，那么你可以整套正装西服出席，但是要让衬衣出彩，一定要是你平时很少用到的颜色，或者就干脆用雪白的收身衬衣，以袖扣来装饰。对于不爱领带的男士，建议穿小立领的白衬衣，依旧要求雪白，然后搭配深色正装西服。

对于男士，除了深灰西服，还有海军蓝（藏青色）的铜扣西服单品是佳选，下面要配法兰绒的灰色长裤，这是最古典主义的经典扮相，而且在任何国家都可用。如果你想塑造一个成熟可信、稳重的自己，这绝对是上上选。如果你觉得此搭配老成过度，那么把法兰绒改成卡其色长裤也行，但只适合白天。

男士的鞋，当然是系带的正装黑色皮鞋。如果你的职位高，酒会又安排在晚上，那么你可以穿漆皮的皮鞋。

值得注意的是，参加酒会的鞋一定要新，绝对不可以将平时那些"劳苦功高"的鞋子穿到酒会上来，男女都是如此。

2. 交流

酒会是西方社交非常重要的组成部分。商务酒会上，如果你善于交流，一可以加强跟老客户的联系与交流，二来可以结交到不同的商业朋友，可以为你未来的生意打下坚实的关系网。

主动攀谈。酒会是交流信息的重要场合，因此参加酒会时不可矜持不谈，故作深沉，而要抓住时机，积极主动选择自己感兴趣的对象进行交谈。这样才能起到获得信息，联络感情，结交新知的目的。对于旧友，首先主动打一声招呼往往使自己显得亲切、友善，有利于双方关系的深化。对于想要结识的新朋友，则要具备自我介绍的信心，踊跃自荐，以使交际局面迅速打开。

善待他人。同他人攀谈，若话不投机，千万不要显出不耐烦的神色，或急于脱身而造成他人的不愉快。谈话时，也不要心不在焉，那样的行为很容易让人理解为敷衍了事，是对对方不重视的一种表现，是十分失礼的。最好的办法是，交谈时给对方留出随意离开的机会，或提议两人一起去见同一位都熟识的人，或是参加到附近的人群中。

无干扰。如果你在与他人交谈的同时，不停地接听手机电话，这是对对方的极大不尊重，会引起对方的反感，很可能到手的合同就会被取消。因此，参加商务酒会，请提前关闭你的手机。如果确实在等重要事情，请务必调成震动或静音，遇到重要问题不得不接听电话，请一定记得跟对方说抱歉（Excuse me, I am afraid I have to pick up a very important phone call），并征得对方的同意再接听，并记得说上（I will be right back in a minute），接听电话的时候要走开，并尽量缩短电话时间。

倾听他人。要学会有效交流，首先得学会倾听。倾听对方的需求，倾听对方的抱怨，通过倾听，了解对方，确定双方交流的主题。自说自话的人永远是不受欢迎的。倾听的同时要互动，而不是一味地听。可以通过提问的方式互动，也可以通过重复对方的关键词来确认是否领会对方的意思。

3. 就餐礼仪

很多商务酒会都安排在下午6点以后，所以，酒会其实不是一个就餐的环境，一般出现的只有酒水和简单的点心。

握酒杯时切忌用手抓住杯肚，因为掌温会令酒升温，也会令你无法优雅地与别人碰杯。

如果是自助餐，请摒弃所谓的吃自助餐"扶墙进，扶墙出"的原则，记住，这是商务酒会。一次要少取，吃多少取多少，不要把盘子堆得满满的，那是非常失礼的行为，会引来众人的侧目。

（注意：在酒会上吃东西、握酒杯等可以用左手，这样可以腾出右手，方便你跟别人握手。）

◇英文服务用语

投诉事件处理：

1. May I know what's wrong?

请问有什么问题吗？

2. We do apologize for the inconvenience.

给您造成不便，我们深表歉意。

3. I'm sorry to hear that, Madam.

听到这件事，我感到很抱歉。

4. I'm sorry, but it's the policy of our bar. I hope you will understand.

很抱歉，但这是我们酒吧的规定。希望您能理解。

5. I'm terribly sorry, madam. I'll attend to it/take care of it at once.

非常抱歉，女士。我马上就去处理。

6. Sir, we are so sorry to have kept you waiting.

先生，实在对不起，让您久等了。

7. I'm awfully sorry for that. I'll speak to the manager about it.

实在对不起。我会把这件事报告给经理的。

8. Sorry, sir. But I advise you not to do so. It's against our regulations.

对不起，先生。但我劝您别这样做。这违反了我们的规定。

9. There could have been some mistake. I do apologize.

可能是出了什么差错，实在对不起。

10. I'll look into this matter at once.

我马上去查清这件事情。

11. Our manager is not in now. Shall I get our assistant manager for you?

我们经理现在不在。我帮您叫助理经理来好吗？

12. What else can I do for you?

还有什么能帮助您的吗？

13. Shall I call the police for you?

我帮您报警好吗？

14. To express our regret for all the trouble, we offer you a 20% discount/ complimentary fruit compote.

给您带来了麻烦，为了表示歉意，特为您提供8折优惠/免费果盘。

◇考核指南

一、知识项目

1. 了解酒吧管理的内容。

2. 了解策划组织酒会的程序。

二、实训项目

1. 能够规范处理客户投诉事件。

2. 掌握酒会策划的流程和技巧。

参考文献

［1］费多·迪夫思吉. 酒吧圣经［M］. 龚宇，译. 上海：上海科学普及出版社，2006.

［2］周文伟. 国际调酒学［M］. 苏州：苏州大学出版社，2006.

［3］孙芳勋. 调酒师手册［M］. 北京：中国轻工业出版社，1999.

［4］盖艳秋，张春莲. 酒水服务与酒吧运营［M］. 北京：中国旅游出版社，2017.

［5］殷开明. 酒水服务与酒吧管理［M］. 青岛：中国海洋大学出版社，2011.

［6］吴克祥. 酒水管理与酒吧经营［M］. 北京：高等教育出版社，2003.

［7］肖健. 邮轮酒吧服务管理［M］. 大连：大连海事大学出版社，2015.

［8］欧阳智安. 鸡尾酒赏味之旅［M］. 南京：江苏凤凰科学技术出版社，2016.

附录

附录一　酒水服务英文表达

一、常用酒水服务词汇

1. 酒吧设施

bar counter 吧台/立式酒吧

service bar 服务酒吧

lounge 鸡尾酒廊

banquet bar 宴会酒吧

grand bar 多功能酒吧

refrigerator 冰柜

cooler/freezer 冷藏柜

juice extractor 果汁榨汁机

electric blender 电动搅拌机

ice maker 制冰机

crushed ice machine 碎冰机

glass washing machine 洗杯机

frozen glass machine 冰杯机

2. 调酒用具

shaker 摇酒器

jigger 量酒器/量杯

bar spoon 吧匙

mixing glass 调酒杯

strainer 滤冰器

ice bucket 冰桶

ice tong 冰夹

ice scoop 冰勺

muddler 捣碎棒

pourer 酒嘴

manual juicer 手动榨汁器

cocktail picks 鸡尾酒签

coaster 杯垫

straw 吸管

cutting board 砧板

3. 酒杯

shot glass 烈酒杯/子弹杯

old fashioned glass 古典杯

champagne saucer 浅碟形香槟杯

champagne tulip 郁金香形香槟杯

highball glass 高球杯/海波杯

collins glass 柯林杯

brandy glass 白兰地杯

wine glass 葡萄酒杯

white wine glass 白葡萄酒杯

red wine glass 红葡萄酒杯

liqueur glass 利口酒杯

sherry glass 雪利酒杯

pilsner 皮尔森啤酒杯

beer mug 扎啤杯

margarita glass 玛格丽特杯

martini glass 马天尼杯

julep cup 朱丽普杯

tiki mug 提基鸡尾酒杯

irish coffee glass 爱尔兰咖啡杯

4. 酒吧职位

bartender 调酒师

head bartender 调酒师主管

assistant bartender 助理调酒师

bar manager 酒吧经理

bar utility/back 吧员

bar waiter/waitress 酒吧服务员

sommelier 侍酒师

5. 无酒精饮料

lipton 立顿

black tea 红茶

white tea 白茶

oolong tea 乌龙茶

yellow tea 黄茶

dark tea 黑茶

jasmine tea 茉莉花茶

teabag 袋泡茶

mugi-cha 大麦茶

herbal tea 花草茶

espresso 浓缩咖啡

Espresso Macchiato 玛奇朵

Americano 美式咖啡

Caffè Latte 拿铁

Cappuccino 卡布奇诺

Caffè Mocha 摩卡

Irish Coffee 爱尔兰咖啡

fruit juice 果汁饮料

lemon juice 柠檬汁

lime juice 青柠汁

orange juice 橙汁

pineapple juice 菠萝汁

grape juice 葡萄汁

mineral water 矿泉水

soda water 苏打水

sparkling water 汽水

quinine water 奎宁水

ginger water 干姜水

Coca Cola 可口可乐

Tonic water 汤力水

Indian lassi 印度奶昔

ice cream 冰激凌

6. 酒精饮料

Brandy 白兰地

Whisky 威士忌

Gin 金酒

Vodka 伏特加

Rum 朗姆酒

Tequila 龙舌兰酒/特基拉酒

Aperitif 餐前酒

Table wine 佐餐酒

Dessert wine 甜食酒

Cognac 干邑白兰地

Armagnac 雅文邑白兰地

French Brandy 法国白兰地

Johnnie walker black lable 黑方

Scotch Whisky 苏格兰威士忌

SingleMalt 单麦芽威士忌

Pure Malt 纯麦芽威士忌

Blend 调和性威士忌

GrainWhisky 谷物威士忌

American Whisky 美国威士忌

Irish Whiskey 爱尔兰威士忌

Silver Rum 银朗姆

Gold Rum 金朗姆

Dark Rum 黑朗姆

Blanc 白葡萄酒

Rouge 红葡萄酒

Rose 玫瑰红酒

pale beers 淡色啤酒

Brown Beers 浓色啤酒

Dark Beers 黑色啤酒

Ale 爱尔

Stout 司都特

Porter 波特

Weiss 威特

Pilsner 皮尔森

Munich 慕尼黑

Bock 包克啤酒

7. 鸡尾酒

马天尼 Martini

曼哈顿 Manhattan

古典 Old Fashioned

特基拉日出 Tequila Sunrise

玛格丽特 Margarita

边车 Side Car

长岛冰茶 Long Island Iced Tea

红粉佳人 Pink lady

白色丽人 White Lady

天使之吻 Angel's Kiss

二、常用酒水服务句型

(一) 日常酒水服务

1. 迎客 welcoming guests.

欢迎光临 welcome to our bar.

这边走 this way please.

楼上客满 full upstairs.

那边有空座位 there are vacant seats.

坐这里可以吗? Would you like to sit here?

你预定座位了吗? Do you have a reservation?

这里可以存包 You can leave your bag here.

2. 点单 taking orders

您现在要点单吗? Are you ordering now?

可以重复一下您的单吗? May I repeat your order?

您点的是……Your order is …

请稍等! Just a moment, please!

净饮 Straight up

加冰 with ice

不加冰 without ice

加水 with water

出品 presenting

3. 服务客人 serving the guests

打扰了，这是您的啤酒（咖啡）。Excuse me, Here is your beer/coffee.

请享用. Please enjoy your drink.

还需要些什么吗？Would you like anything else?

我可以拿走这个杯子（瓶子，椅子）吗？May I take this glass/bottle/chair away?

再要一轮。One more round.

再要一杯啤酒吗？Would you like one more beer?

对不起，让您久等了。Sorry to have kept you waiting, sir.

我可以过去吗？May I go through?

这是我的荣幸。It's my pleasure.

4. 结账 settle the bill

这是您的账单，总共是 1 000 元。Here's the Bill. The total comes to 1 000 Yuan.

请您稍等，我会给您找钱。Please wait a moment, I will give you change.

先生，这是找给您的钱。Here's your change, sir.

分单还是一张单？Separate bill or one bill?

您是付现金还是刷卡呢？Will you pay in cash or by card?

请签单。Please sign the bill.

5. 送客 Seeing the guests out

希望您在这过得愉快！I hope you enjoy your stay here.

玩得愉快！Have a good time!

晚安，再见！Good night and bye bye.

感谢您的光临。Thank you for your coming.

希望您再次光临！I hope to see you again!

（二）酒吧服务

1. 先生，很抱歉。有什么可以帮您的吗？

I'm terribly sorry about that, sir. What can I do for you?

2. 您要再来一杯饮料吗？这一份免单。

Can I get you another drink? This one's on the house.

3. 这里空气很闷。您要出去呼吸点 新鲜空气吗？

It is very stuffy here. Would you like to get some fresh air out?

4. 先生，对不起。这是我们的最低收费：两杯饮料，每杯 90 元人民币，再加 10%的服务费。

I'm sorry, sir. That's our minimum charge —— two drinks at 90 RMB each, plus 10% service charge.

5. 我们这里没有生啤，只有瓶装啤酒。

We don't have any draught beer. We only have bottled beer.

6. 布朗先生，您今晚要喝点什么？是不是像往常一样来杯啤酒？

What's your pleasure this evening, Mr. Brown? Your usual beer?

7. 对不起，您喝醉了，我们不能卖酒给您。

I'm sorry but I can't serve you since you're intoxicated.

8. 欢迎来到"酒水打折时段"。这里的酒水在下午五点至晚上八点期间打对折。

Welcome to our "Happy Hours". Our drinks are at half price from 5:00 p.m. to 8:00 p.m.

9. 一份威士忌苏打，不加冰，我马上拿来。先生，请慢用。

One whisky soda, no ice, coming up immediately. Cheers, sir.

10. 来一杯不含酒精的鸡尾酒吧，比如胡椒菠萝，还是尤利橙汁？

What about a non-alcoholic cocktail, a Pineapple Pepper Upper or an Orange Julius?

11. 再来一杯酸威士忌？先生，我马上给您拿来。请问您喜欢哪一种威士忌？

Another whiskey sour? Right away, sir. Do you have any preferences on the whiskey?

12. 那边有一瓶存放 12 年的杰克·丹尼尔威士忌。

That bottle over there is Jack Daniel's – aged 12 years.

13. 也许稍后您会再来喝杯睡前饮料。谢谢光临。

See you later for a night-cap, maybe. Thanks for coming.

14. 果汁杯怎么样？里面有香槟酒、黑朗姆酒、橘子汁、柠檬汁、菠萝汁、糖和姜啤。

How about a fruit juice cup? That are champagne, dark rum, orange juice, lemon juice, pineapple juice, sugar and ginger ale in it?

15. 曼哈顿怎么样？这是一道经典鸡尾酒。

How about a Manhattan? It is a classic drink.

16. 果味鸡尾酒是由橘子汁、葡萄汁、西番莲果汁、酸橙汁、芒果汁、菠萝汁和一些猕猴桃糖浆调成的。

The Fruit Cocktail has orange, grapefruit, passion fruit, lime, mango and pineapple juice, with just a little kiwi syrup in it.

17. 这是普施咖啡，又叫彩虹酒。它是用几种不同的餐后甜酒调制而成的。看上去像彩虹。

It's a "pousse café" or "Rainbow Cocktail", and it is made from several liqueurs. It looks like a rainbow.

18. 论罐买啤酒比论杯买啤酒划算。

Buying beer by the pitcher is cheaper than buying it by the glass.

（三）茶饮服务

1. Asking the guests' needs for the tea.

询问客人对茶的需求。

a. What kind of tea do you want to drink?

您需要什么茶？

b. Do you want to try dragon well tea here?

您要试试我们这里的龙井茶吗？

c. Here we have green tea, black tea, oolong tea, dragon well tea and so on. Which do you want to have a try?

我们这里有绿茶，红茶，乌龙茶，龙井茶等等。您要尝哪一种？

2. Introducing local snacks to the guests.

为客人介绍地方小吃。

a. Do you want to try some snacks here?

您要试试我们这里的小吃吗？

b. Here we have many snacks or dim sum, Cantonese style is very famous in China.

我们这里有很多小吃和点心，粤式点心在中国很出名的。

c. When you drink tea, if you choose to eat some snacks with the tea, it will be more delicious.

品茶的时候，配上一些茶点，味道会更好。

3. Responding to the guests' needs.

回应客人的需求

a. Please wait for a moment, and I will take the tea for you soon.

请稍等，我马上把您的茶拿过来。

b. Please try the dim sum first, and we will prepare your tea immediately.

请您先尝尝点心，我们马上为您备茶。

c. OK. We send it to you at once.

好的，我们马上给您送过来。

d. Sir, here is your black tea. Please enjoy yourself.

先生，这是您的红茶。请慢用。

e. Madam, the jasmine tea is yours, right?

女士，这杯茉莉花茶是您的，对吗？

（四）咖啡服务

1. Asking the guests' requirements about coffee.

询问客人对咖啡的要求。

a. What/ How about Cappuccino?

卡布奇诺怎么样?

b. What kind of coffee do you prefer?

您需要什么咖啡?

c. Would you like something to drink? Skinny latte or American coffee?

您需要喝点什么吗?脱脂拿铁还是美式咖啡?

d. Cappuccino, Latte coffee, Skinny latte or American coffee, which would you like, madam?

卡布奇诺,拿铁,脱脂拿铁,美式咖啡,您喜欢哪个?

2. Greeting the guests in Café.

向客人打招呼。

a. Hi/ Hello, madam.

您好,女士。

b. Good morning, sir, welcome to our Cafe.

早上好,先生,欢迎光临我们咖啡馆。

c. Hello, Linda, welcome to our Cafe again, today you look so beautiful.

你好,琳达,欢迎再次光临我们咖啡馆。今天你真漂亮。

d. Hi, Cathy, you don't come here for a long time. What's up?

你好,凯瑟,你很久没来了。一切都好吗?

(五)投诉事件处理

1. May I know what's wrong?

请问有什么问题吗?

2. We do apologize for the inconvenience.

给您造成不便,我们深表歉意。

3. I'm sorry to hear that, Madam.

听到这件事,我感到很抱歉。

4. I'm sorry, but it's the policy of our bar. I hope you will understand.

很抱歉,但这是我们酒吧的规定。希望您能理解。

5. I'm terribly sorry, madam. I'll attend to it/take care of it at once.

非常抱歉,女士。我马上就去处理。

6. Sir, we are so sorry to have kept you waiting.

先生,实在对不起,让您久等了。

7. I'm awfully sorry for that. I'll speak to the manager about it.

实在对不起。我会把这件事报告给经理的。

8. Sorry, sir. But I advise you not to do so. It's against our regulations.

对不起，先生。但我劝您别这样做。这违反了我们的规定。

9. There could have been some mistake. I do apologize.

可能是出了什么差错，实在对不起。

10. I'll look into this matter at once.

我马上去查清这件事情。

11. Our manager is not in now. Shall I get our assistant manager for you?

我们经理现在不在。我帮您叫助理经理来好吗？

12. What else can I do for you?

还有什么能帮助您的吗？

13. Shall I call the police for you?

我帮您报警好吗？

14. To express our regret for all the trouble, we offer you a 20% discount/ complimentary fruit compote.

给您带来了麻烦，为了表示歉意，特为您提供 8 折优惠/免费果盘。

附录二 六大基酒的代表性酒品

一、白兰地

序号	品名	简介	图示
1	人头马 V. S. O. P	干邑白兰地； 酒精浓度 40%； 容量 700 毫升； 超过 280 年酿造历史的白兰地品牌	
2	拿破仑 XO	干邑白兰地； 酒精浓度 40%； 容量 700 毫升； 以法国人心中的英雄"拿破仑"命名	
4	马爹利蓝带干邑白兰地	干邑白兰地； 酒精浓度 40%； 容量 700 毫升； 拥有紫丁香般华丽的香味	

表（续）

序号	品名	简介	图示
5	轩尼诗 V. S	干邑白兰地； 酒精浓度 40%； 容量 700 毫升； 因讲究细节而闻名于世	

二、威士忌

序号	品名	简介	图示
1	芝华士 18 年威士忌	酒精浓度 40%； 容量 700 毫升； 芝华士 18 年融合了超过 20 种苏格兰最珍贵的纯麦芽威士忌。口感醇厚，层次丰富，馥郁优雅的芳香幻化出黑巧克力般的丝般口感回味	
2	麦卡伦 12 年苏格兰单一麦芽威士忌	酒精浓度 40%； 容量 700 毫升； 从自制的雪莉酒桶里熟成出世界公认的劳斯莱斯级威士忌	

表(续)

序号	品名	简介	图示
3	尊尼获加黑方威士忌	酒精浓度40%； 容量700毫升； 苏格兰威士忌，采用四十种优质威士忌调配而成，蕴藏最少十二年，口感芬芳醇和	
4	尊美醇威士忌	酒精浓度40%； 容量700毫升； 清爽型爱尔兰威士忌	
5	波本威士忌	酒精浓度40%； 容量700毫升； 全美排名第一，全球最受欢迎的占边波本威士忌，口味强烈而独特	

表（续）

序号	品名	简介	图示
6	杰克丹尼黑标	酒精浓度 40% 容量 700 毫升； 美国田纳西州代表品牌	
7	加拿大俱乐部威士忌	酒精浓度 40%； 容量 700 毫升； 清新的加拿大威士忌	
8	白州 12 年	酒精浓度 43%； 容量 700 毫升； 日本威士忌，在森林里 酿出的单一麦芽威士忌	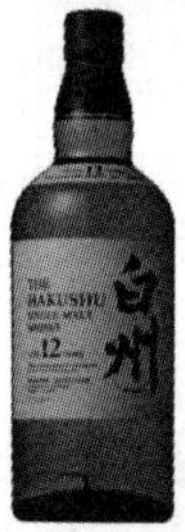

三、伏特加

序号	品名	简介	图示
1	绝对伏特加	瑞典白金级伏特加； 酒精浓度 40%； 容量 750 毫升； 有多种口味可选，比如 柠檬、黑加仑、薄荷等	
2	深蓝伏特加	酒精浓度 40%； 容量 750 毫升； 色泽清透，口味干爽 活泼	
3	雪树伏特加	原产地波兰，高端伏特 加品牌； 酒精浓度 40%； 容量 750 毫升； 口感柔和、清爽、回味 持久	
4	苏联红牌	产地俄罗斯； 酒精浓度 40%； 容量 750 毫升； 色泽清透，口感滑润， 有胡椒味	

表（续）

序号	品名	简介	图示
5	96度伏特加（spirytus）	原产地波兰，原名为spirytus； 酒精度96度的酒； 世界上度数最高、最烈的酒	

四、朗姆

序号	品名	简介	图示
1	百加得陈酿（白标）	酒精浓度40%； 容量750毫升； 以象征幸运的蝙蝠为商标，号称"全球第一"的朗姆酒	
2	摩根船长朗姆酒（Captain Morgan）	酒精浓度40%； 容量750毫升； 施格兰公司首创，2001年帝亚吉欧集团（Seagram Company）将摩根船长朗姆酒收购，新寓意为"向美好的生活，美妙的爱情和激越的奋斗致敬！"（'To Life, Love and Loot.'）	
3	伯爵夫人朗姆酒（Contessa）	酒精浓度40%； 包装规格则有750毫升、700毫升、375毫升和180毫升； 印度的品牌，2008年，在布鲁塞尔世界食品品质评鉴大会上获奖	

表（续）

序号	品名	简介	图示
4	老波特朗姆酒 （Old Port Rum）	酒精度 40%； 容量 750 毫升； 代表了印度朗姆酒的传统风格，陈酿期在 15 年以上。它的颜色很深，散发出樱桃、核果、奶油糖果和橡木的淡雅香气，口感顺滑，酒体清瘦	
5	哈瓦那俱乐部陈年朗姆酒（Havana Club）	酒精浓度 40%； 容量 750 毫升； 传承百年的佳酿，古巴朗姆酒的代表	

五、金酒

序号	品名	简介	图示
1	庞贝蓝钻特级金酒	钻石级的伦敦干金酒； 酒精浓度 47%； 容量 700 毫升； 反复蒸馏、香气浓郁	

表(续)

序号	品名	简介	图示
2	必富达金酒	酒精浓度 47%； 容量 700 毫升； 杜松子味道强烈，气味奇异清香，有着"鸡尾酒的心脏"雅号	
3	哥顿金酒	伦敦干金酒； 酒精浓度 40%； 容量 700 毫升； 口感滑润，酒味芳香，世界最畅销的品牌	
4	添加利金酒	酒精浓度 47.3%； 容量 750 毫升； 是金酒的极品名酿，深厚甘洌，具独特的杜松子及其他香草配料的香味，风味明快利落	

六、龙舌兰

序号	品名	简介	图示
1	豪帅金快活龙舌兰酒（JOSE CUERVO）	酒精浓度40%； 容量750毫升； 在橡木桶中熟成的高级龙舌兰酒	
2	懒虫白色龙舌兰酒	酒精浓度35%； 容量750毫升； 产自墨西哥特基拉	
3	白金武士龙舌兰	酒精浓度40%； 容量700毫升； 口味突出，刚劲独特	
4	奥美嘉金龙舌兰	酒精浓度38%； 容量700毫升； 有新鲜的香气与纯净的风味	

表(续)

序号	品名	简介	图示
5	雷博士金龙舌兰	酒精浓度 40%； 容量 750 毫升； 香气独特，口味浓烈